高等职业教育智能制造领域人才培养系列教材
高等职业教育机电类专业立体化系列教材

工业机器人离线编程仿真技术及应用

主　编　于　磊　王　冰
参　编　刘　瑞　王海玲　刘振昌

机械工业出版社

本书以高等院校应用较多的 ABB 工业机器人为对象，从离线编程和模拟仿真的基础知识入手，基于 RobotStudio 软件介绍了搬运、码垛、焊接工业机器人离线编程及仿真技术。全书以实际应用案例为主线，在案例讲解中融入了工业机器人离线编程的基本知识点与基本操作步骤。

本书适合普通本科及高等职业院校工业机器人技术、电气自动化技术、机电一体化技术和工业过程自动化技术等专业的学生使用，也可作为从事工业机器人应用开发、调试与现场维护的工程技术人员的培训教材。

本书配有电子课件，凡使用本书作为教材的教师可登录机械工业出版社教育服务网 www.cmpedu.com 注册后下载。咨询电话：010-88379375。

图书在版编目（CIP）数据

工业机器人离线编程仿真技术及应用 / 于磊，王冰主编 . —北京：机械工业出版社，2022.9

高等职业教育智能制造领域人才培养系列教材　高等职业教育机电类专业立体化系列教材

ISBN 978-7-111-70725-7

Ⅰ.①工… Ⅱ.①于…②王… Ⅲ.①工业机器人 – 程序设计 – 高等职业教育 – 教材②工业机器人 – 计算机仿真 – 高等职业教育 – 教材　Ⅳ.① TP242.2

中国版本图书馆 CIP 数据核字（2022）第 078037 号

机械工业出版社（北京市百万庄大街 22 号　邮政编码 100037）
策划编辑：薛　礼　　　　　责任编辑：薛　礼
责任校对：张晓蓉　贾立萍　封面设计：张　静
责任印制：单爱军
河北鑫兆源印刷有限公司印刷
2022 年 7 月第 1 版第 1 次印刷
184mm×260mm・9.75 印张・231 千字
标准书号：ISBN 978-7-111-70725-7
定价：35.00 元

电话服务　　　　　　　　　　网络服务
客服电话：010-88361066　　　机　工　官　网：www.cmpbook.com
　　　　　010-88379833　　　机　工　官　博：weibo.com/cmp1952
　　　　　010-68326294　　　金　书　网：www.golden-book.com
封底无防伪标均为盗版　　　机工教育服务网：www.cmpedu.com

前言 PREFACE

近年来，随着工业 4.0 及中国制造 2025 等概念的持续推进，我国工业机器人产业得到了较快的发展。截至 2021 年，国产工业机器人已经在国内市场占有超过 30% 的市场份额。

工业机器人作为一种高科技集成装备，对专业人才有着多层次的需求。其中，需求量最大的是基础操作及维护人员，以及掌握基本工业机器人应用技术的调试工程师和更高层次的应用工程师。工业机器人专业人才的培养，要更加着力于应用型人才的培养。

本书以 ABB 工业机器人为对象，从离线编程和模拟仿真的基础知识入手，基于 RobotStudio 软件介绍了搬运机器人的离线编程与仿真、码垛机器人的离线编程与仿真以及焊接工业机器人的离线编程与仿真。通过学习本书，学生可以学会使用仿真软件 RobotStudio 进行工业机器人的基本操作、功能设置、方案设计和验证等。本书特色如下：

1）在编写时考虑了高职高专学生的知识现状和学习特点，结合生产实际，以简单案例带动知识点的学习，以点带面，注重培养学生解决实际问题的能力。

2）选用院校应用较多的 ABB 机器人为对象，针对性较强。

3）选用搬运、码垛、焊接等典型的工业机器人应用案例，在素材选择上具有代表性。

4）每个案例内容上的编写安排以实际操作流程为主线，思路清晰，图文并茂，简单易懂，突出了实用性，有助于激发学生的学习兴趣，提高教学效率。

5）在内容组织上采用项目化、任务驱动设计，示例素材的选取来自于教学一线的最新实用案例，示例素材新颖、简单、实用。

本书由于磊、王冰主编，于磊负责统稿。具体编写分工如下：刘瑞、王冰编写项目一，刘瑞、王海玲编写项目二，王海玲、刘振昌编写项目三，王冰编写项目四，于磊编写项目五、项目六。

由于编者水平有限，书中不足之处在所难免，恳请广大读者给予批评指正。

编 者

二维码索引

名称	二维码	页码	名称	二维码	页码
RobotStudio 安装与激活		3	RobotStudio 的基本操作		8
RobotStudio 界面介绍_文件选项卡		6	导入机器人模型		15
RobotStudio 界面介绍_基本选项卡		7	加载工业机器人工具		16
RobotStudio 界面介绍_建模选项卡		7	装载工作台		17
RobotStudio 界面介绍_仿真选项卡		7	工业机器人系统的构建		22
RobotStudio 界面介绍_控制器选项卡		7	工业机器人工件坐标系的创建		23
RobotStudio 界面介绍_Rapid 选项卡		7	工业机器人运动轨迹程序的创建		27

二维码索引

（续）

名称	二维码	页码	名称	二维码	页码
工业机器人仿真运行与录制视频		30	搬运_创建搬运程序		66
搬运_构建搬运机器人工作站		36	搬运_仿真运行		71
搬运_构建搬运工业机器人系统		45	码垛_新建工作站与导入工业机器人		76
搬运_配置系统输入输出		47	码垛_加载工业机器人工具		76
搬运_创建动态吸盘工具		49	码垛_装载托盘传送链及工件		76
搬运_创建工件坐标系		61	码垛_加载防护栏		77
搬运_示教目标点		64	码垛_构建码垛工业机器人系统		78

（续）

名称	二维码	页码	名称	二维码	页码
码垛_配置系统输入输出		78	焊接_构建焊接工业机器人系统		97
码垛_创建动态吸盘工具		80	焊接_配置系统输入输出		102
码垛_创建动态物料		82	焊接_创建动态组件		107
码垛_创建用户程序及仿真运行		88	焊接_示教目标点		111
焊接_新建工作站+导入工业机器人		95	焊接_创建运行轨迹		113
焊接_加载工业机器人工具		96	焊接_创建焊接数据		117
焊接_装载焊接工作台		97	焊接_创建用户程序		119

（续）

名称	二维码	页码	名称	二维码	页码
焊接_焊接仿真运行		121	在线编辑I/O信号的操作		130
建立Robotstudio与机器人的连接		125	在线文件传送的操作		133
获取Robotstudio在线控制权限		126	结合在线功能的RobotStudio综合应用（构建工作站及工业机器人系统）		134
进行备份与恢复的操作		127	结合在线功能的RobotStudio综合应用（创建工件坐标系、RAPID程序、保存并导出RAPID程序）		134
在线编辑RAPID程序的操作		128			

目 录
CONTENTS

前言
二维码索引
项目一　初识工业机器人离线编程仿真 ……………………………………………… 1
　　任务一　认识工业机器人离线编程技术 …………………………………………… 1
　　任务二　认识 RobotStudio ………………………………………………………… 2
　　任务三　RobotStudio 的界面及基本操作 ………………………………………… 6
　　思考与练习 ………………………………………………………………………… 13
　　自我学习检测评分表 ……………………………………………………………… 13
项目二　工业机器人仿真工作站的构建 …………………………………………… 14
　　任务一　工业机器人工作站的构建 ……………………………………………… 15
　　任务二　工业机器人系统的构建 ………………………………………………… 22
　　任务三　工业机器人工件坐标系的创建 ………………………………………… 23
　　任务四　工业机器人运动轨迹程序的创建 ……………………………………… 27
　　任务五　工业机器人仿真运行及录制视频 ……………………………………… 30
　　思考与练习 ………………………………………………………………………… 33
　　自我学习检测评分表 ……………………………………………………………… 34
项目三　工业机器人典型应用——搬运 …………………………………………… 35
　　任务一　构建搬运工业机器人工作站 …………………………………………… 36
　　任务二　构建搬运工业机器人系统 ……………………………………………… 45
　　任务三　配置系统输入/输出 ……………………………………………………… 47
　　任务四　创建动态吸盘工具 ……………………………………………………… 49
　　任务五　创建工件坐标系 ………………………………………………………… 61
　　任务六　创建搬运程序及仿真运行 ……………………………………………… 64
　　思考与练习 ………………………………………………………………………… 73
　　自我学习检测评分表 ……………………………………………………………… 74
项目四　工业机器人典型应用——码垛 …………………………………………… 75
　　任务一　构建码垛工作站及工业机器人系统 …………………………………… 76
　　任务二　配置系统输入/输出 ……………………………………………………… 78
　　任务三　创建动态组件 …………………………………………………………… 80

任务四　创建用户程序及仿真运行 ………………………………………… 88
　　思考与练习 ………………………………………………………………… 93
　　自我学习检测评分表 ……………………………………………………… 94

项目五　工业机器人典型应用——焊接 ………………………………………… 95
　　任务一　构建焊接工作站及工业机器人系统 …………………………… 95
　　任务二　配置系统输入/输出 ……………………………………………… 102
　　任务三　创建动态组件 …………………………………………………… 107
　　任务四　创建用户程序及仿真运行 ………………………………………… 111
　　任务五　创建焊接数据 …………………………………………………… 115
　　思考与练习 ………………………………………………………………… 123
　　自我学习检测评分表 ……………………………………………………… 124

项目六　RobotStudio在线功能 …………………………………………………… 125
　　任务一　RobotStudio 在线功能的单项操作 ……………………………… 125
　　任务二　结合在线功能的 RobotStudio 综合应用 ………………………… 133
　　思考与练习 ………………………………………………………………… 143
　　自我学习检测评分表 ……………………………………………………… 144

参考文献 ……………………………………………………………………………… 145

项目一　初识工业机器人离线编程仿真

> **项目描述**

从工业机器人编程的概念入手，学习工业机器人编程的两种主要方式——在线示教编程和离线编程，并掌握这两种编程方式的主要特点；基于对市场上的一些主流工业机器人离线编程仿真软件的了解，认识 RobotStudio 软件的主要功能，掌握该软件的下载、安装与激活操作，在此基础上，熟悉 RobotStudio 的用户界面，并进一步掌握 RobotStudio 的一些基本操作：工作站的共享操作、加载 RAPID 程序模块、加载系统参数以及仿真 I/O 信号。

> **学习目标**

1）了解工业机器人离线编程技术的特点。
2）了解常见的几种离线编程仿真软件。
3）了解 RobotStudio 软件的特点与主要功能。
4）学会 RobotStudio 软件的安装与激活。
5）熟悉 RobotStudio 软件的操作界面。
6）掌握 RobotStudio 软件的一些基本操作。

任务一　认识工业机器人离线编程技术

机器人编程是指为了使机器人完成某项作业而进行的程序设计。工业机器人具有良好的可编程性，其编程能力决定了工业机器人功能的灵活性和智能性。目前，应用于工业机器人的编程方式主要有以下两种。

（1）在线示教编程　是指在作业现场，由人工引导机器人的末端执行器到达相应的目标位置，进行记录并保存为程序，以此来使机器人完成预期的动作。采用这种方法时，程序编制是在机器人作业现场进行的。

（2）离线编程　是在专门的软件环境下，用专用或通用程序在离线情况下进行机器人轨迹规划编程的一种方法。此类编程方法无须在作业现场进行编程，能够脱离实际工作环境生成机器人的示教编程数据。离线编程方法能够利用计算机进行机器人以及周围环境的建模，用来模拟真实的加工场景，通过离线编程生成的加工路径可在计算机中进行仿真，确定无误后再生成机器人程序代码，传输到实体机器人上进行作业任务。

表 1-1 给出了示教编程与离线编程的主要特点。相对于在线示教编程来说，离线编程具有以下几个优势。

1）减少机器人的停机时间，当对下一个任务进行编程时，机器人仍可在生产线上进行工作。

2）使编程者远离了危险的工作环境。
3）适用范围广，可对各种机器人进行编程，并能方便地实现优化编程。
4）可使用高级计算机编程语言对复杂任务进行编程。
5）便于修改机器人程序。

表 1-1　示教编程与离线编程的主要特点

示教编程	离线编程
需要实际机器人系统和工作环境	需要机器人系统和工作环境的图形模型
编程时机器人停止工作	编程时不影响机器人工作
在实际系统上试验程序	通过仿真试验程序
编程的质量取决于编程者的经验	可用 CAD 方法进行最佳轨迹规划
难以实现复杂的机器人运行轨迹	可实现复杂运行轨迹的编程

任务二　认识 RobotStudio

目前市场上的一些主流工业机器人离线编程仿真软件有：RobotArt、RobotStudio、RoboMaster、RobotWorks、Robcad 等，这些仿真软件各有优缺点，可根据具体需要选择合适的应用软件。本书将基于 RobotStudio 软件对离线编程技术进行讲解。

1. RobotStudio 的主要功能

RobotStudio 由瑞士 ABB 公司开发，是一款 PC 应用程序，用于机器人单元的建模、离线创建和仿真。RobotStudio 允许使用离线控制器，即在 PC 上本地运行虚拟 IRC5 控制器。这种离线控制器也称为虚拟控制器（VC）。RobotStudio 还允许使用真实的物理 IRC5 控制器（简称为"真实控制器"）。当 RobotStudio 随真实控制器一起使用时，称其处于在线模式；当在未连接到真实控制器或在连接到虚拟控制器的情况下使用时，称其处于离线模式。RobotStudio 支持机器人的整个生命周期，使用图形化编程、编辑和调试机器人系统来创建机器人的运行，并模拟优化现有的机器人程序。

RobotStudio 软件的主要功能如下。

1）CAD 导入。RobotStudio 可轻易地以各种主要的 CAD 格式导入数据，包括 IGES、VRML、VDAFS、ACIS 和 CATIA。通过使用此类非常精确的 3D 模型数据，机器人程序设计员可以生成更为精确的机器人程序，从而提高产品质量。

2）自动路径生成。这是 RobotStudio 最节省时间的功能之一。通过使用待加工部件的 CAD 模型，可在短短几分钟内自动生成跟踪曲线所需的机器人位置。如果人工执行此项任务，可能需要数小时或数天。

3）自动分析伸展能力。此便捷功能可让操作者灵活移动机器人或工件，直至所有位置均可到达，可在短短几分钟内验证和优化工作单元布局。

4）碰撞检测。在 RobotStudio 中，可以对机器人在运动过程中是否可能与周边设备发生碰撞进行验证和确认，以确保机器人离线编程得出的程序的可用性。

5）在线作业。使用 RobotStudio 与真实的机器人进行连接通信，对机器人进行便捷的监控、程序修改、参数设定、文件传送及备份恢复的操作，使调试与维护工作更轻松。

6）模拟仿真。根据设计，在 RobotStudio 中进行工业机器人工作站的动作模拟仿真、确定周期节拍，为工程的实施提供真实的验证。

7）应用功能包。针对不同的应用推出功能强大的工艺功能包，将机器人更好地与工艺应用进行有效融合。

8）二次开发。提供功能强大的二次开发平台，使机器人应用实现更多的功能，满足机器人的科研需要。

2. RobotStudio 的准备

（1）下载 RobotStudio　登录 ABB 的网站 www.robotstudio.com，可以下载 RobotStudio 软件的试用版，具体步骤见表 1-2。

表 1-2　下载 RobotStudio 软件的步骤

步骤	图　示	操作说明
1		登录网址：www.robotstudio.com 单击左下角的 Downloads 模块，进入软件下载页面
2		单击需要下载的软件，设置存储路径，完成软件的下载

（2）安装 RobotStudio　将下载好的软件安装包进行解压缩后，打开文件夹，双击 setup.exe 进行安装。RobotStudio 提供以下安装选项。

1）完整安装。

2）自定义安装，允许用户自定义安装路径并选择安装内容。

3）最小化安装，仅允许用户以在线模式运行 RobotStudio。

以完整安装为例，具体安装步骤见表 1-3。

RobotStudio 安装与激活

— 3 —

表 1-3　RobotStudio 安装步骤

步骤	图示	操作说明
1		打开文件夹后，双击安装文件"se-tup.exe"
2		安装语言选择"中文（简体）"，然后单击"确定"按钮开始安装
3		选中"我接受该许可证协议中的条款"，单击"下一步"按钮
4		选择"完整安装"，单击"下一步"按钮
5		等待安装完成

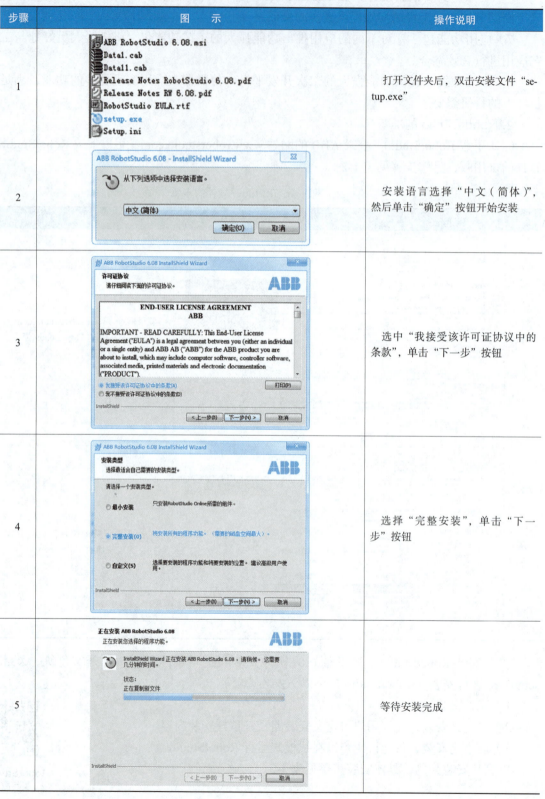

（3）激活 RobotStudio 在第一次正确安装试用版 RobotStudio 以后，软件提供 30 天的全功能高级版免费试用。30 天以后如果还未进行授权操作的话，则只能使用基本版的功能。

基本版：提供基本的 RobotStudio 功能。

高级版：提供 RobotStudio 所有的离线编程功能和多机器人仿真功能。

选择"基本"功能选项卡，就可以在界面下方区域查看授权的有效期，如图 1-1 所示。

图 1-1 查看授权有效期

RobotStudio 的激活有单机许可证和网络许可证两种方式。单机许可证只能激活一台计算机的 RobotStudio 软件，而网络许可证可在一个局域网内建立一台网络许可证服务器，给所有局域网内的 RobotStudio 客户端进行授权许可，客户端的数量由网络许可证所允许的数量决定。激活 RobotStudio 软件的步骤见表 1-4。

表 1-4 激活 RobotStudio 软件的步骤

步骤	图　　示	操作说明
1		选择"文件"菜单，然后单击"选项"
2		单击"授权"，然后选择"激活向导"

（续）

步骤	图示	操作说明
3		根据授权许可类型，选择"单机许可证"或"网络许可证"，然后单击"下一个"按钮，按照提示就可完成激活

任务三　RobotStudio 的界面及基本操作

RobotStudio 的基本操作包括工作站的共享操作、加载 RAPID 程序模块、加载系统参数以及仿真 I/O 信号。

1. RobotStudio 的用户界面

如图 1-2 所示，RobotStudio 软件主界面包括"文件""基本""建模""仿真""控制器""RAPID"及"Add-Ins"菜单。

图 1-2　RobotStudio 软件主界面

RobotStudio 界面介绍_文件选项卡

（1）"文件"菜单　"文件"菜单包含创建新工作站、将工作站另存为等选项，如图 1-3 所示。

图 1-3　"文件"菜单界面

（2）"基本"菜单 "基本"菜单包含建立工作站、创建系统、路径编程和摆放物体所需的控件等选项，如图1-4所示。

图1-4 "基本"菜单界面

（3）"建模"菜单 "建模"菜单包含工作站组件的创建和分组、创建实体、测量以及其他CAD操作所需的控件，如图1-5所示。

图1-5 "建模"菜单界面

（4）"仿真"菜单 "仿真"菜单包含创建、仿真控制、监控和记录仿真所需的控件，如图1-6所示。

图1-6 "仿真"菜单界面

（5）"控制器"菜单 "控制器"菜单包含用于虚拟控制器（VC）的同步、配置和分配给它的任务的控制措施，以及用于管理真实控制器的控制措施，如图1-7所示。

图1-7 "控制器"菜单界面

（6）"RAPID"菜单 "RAPID"菜单包含RAPID编辑器的功能、RAPID文件的管理以及用于RAPID编程的其他控件，如图1-8所示。

图 1-8 "RAPID" 菜单界面

（7）"Add-Ins"菜单 "Add-Ins"菜单包含 PowerPacs 和 VSTA 的相关控件，如图 1-9 所示。

图 1-9 "Add-Ins" 菜单界面

2. RobotStudio 的一些基本操作

RobotStudio 的基本操作

（1）工业机器人典型应用工作站的共享操作 在 RobotStudio 中，一个完整的机器人工作站既包含前台所操作的工作站文件，又包含后台运行的机器人系统文件。当需要共享 RobotStudio 软件所创建的工作站时，可以利用"文件"菜单中的"共享"功能，使用其中的"打包"功能，将所创建的机器人工作站打包成工作包（.rspag 格式）；利用"解包"功能，可以将该工作包在其他计算机上解包使用。操作界面如图 1-10 所示。

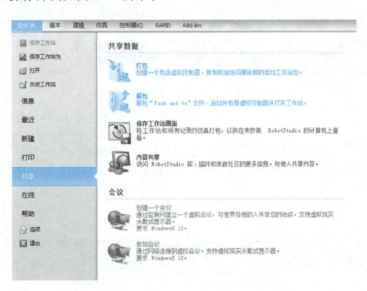

图 1-10 "打包""解包"操作界面

（2）为工作站中的机器人加载 RAPID 程序模块 在机器人应用过程中，如果已经有一个程序模板，则可以直接将该模块加载至机器人系统中。例如，已有 1# 机器人程序，2# 机器人的应用与 1# 机器人相同，那么可以将 1# 机器人的程序模块直接导入 2# 机器人中。加载方法有以下两种。

初识工业机器人离线编程仿真

1）软件加载。在 RobotStudio 中，菜单的"加载模块"功能可以用于加载程序块，为工作站中的机器人加载 RAPID 程序模块的操作步骤见表 1-5。

表 1-5 软件加载 RAPID 程序模块的操作步骤

步骤	图示	操作说明
1		在"RAPID"菜单下单击"程序"下的"加载模块"选项
2		浏览至需要加载的程序模块文件，单击"打开"按钮

2）示教器加载。在示教器中依次单击："ABB 菜单"→"程序编辑器"→"模块"→"文件"→"加载模块"，之后浏览至所需加载的模块进行加载，具体步骤见表 1-6。

表 1-6 示教器加载 RAPID 程序模块的操作步骤

步骤	图示	操作说明
1		在程序编辑器模块栏中单击"文件"，然后选择"加载模块..."

— 9 —

（续）

步骤	图示	操作说明
2	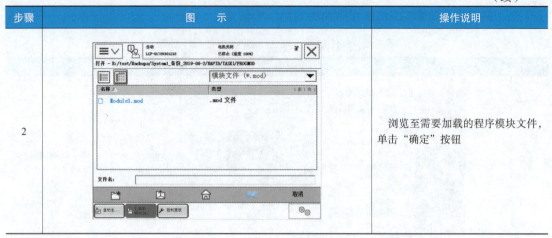	浏览至需要加载的程序模块文件，单击"确定"按钮

（3）加载系统参数　在机器人应用过程中，如果已有系统参数文件，则可以直接将该参数文件加载至机器人系统中。例如，已有1#机器人的I/O配置文件，2#机器人的应用与1#机器人相同，那么可以将1#机器人的I/O配置文件直接导入2#机器人中。系统参数文件存放在备份文件夹中的"SYSPAR"文件目录下，其中最常用的是EIO文件，即机器人I/O系统配置文件。一般情况下，两台硬件配置一致的机器人会共享I/O设置文件EIO.cfg，其他的文件可能会造成系统故障。若加载了错误的参数，可执行一个"I启动"使机器人回到出厂初始状态。系统参数加载方法有以下两种。

1）软件加载。在RobotStudio中，"离线"菜单的"加载参数"功能可以用于加载系统参数，"在线"菜单中也有该功能，前者针对的是PC端仿真的机器人系统，后者针对的是利用网线连接的真实的机器人系统。加载系统参数的步骤见表1-7。

表1-7　软件加载系统参数的步骤

步骤	图示	操作说明
1		在"离线"菜单中单击"加载参数…"
2		勾选"载入参数，并替代重复项"

（续）

步骤	图示	操作说明
3		浏览至备份文件夹目录后，在"文件名"中输入"eio"，则自动跳出"EIO.cfg"，选中该文件，单击"打开"按钮之后即可加载

2）示教器加载。在示教器中依次单击："ABB 菜单"→"控制面板"→"配置"→"文件"→"加载参数"，加载方式一般也选取第 3 项，即"加载参数并替换副本"，之后浏览至所需加载的系统参数文件进行加载。示教器加载系统参数的步骤见表 1-8。

表 1-8　示教器加载系统参数的步骤

步骤	图示	操作说明
1	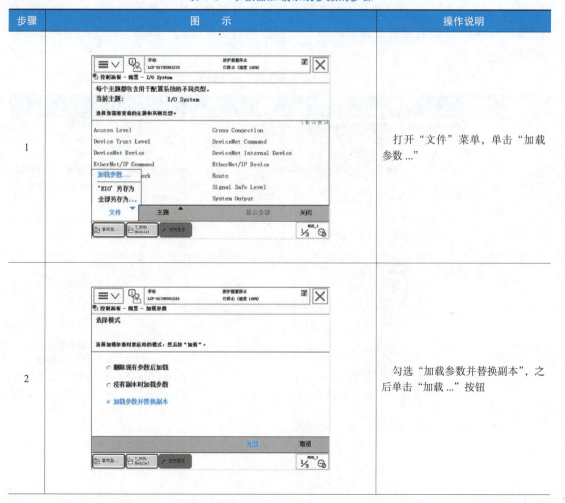	打开"文件"菜单，单击"加载参数…"
2		勾选"加载参数并替换副本"，之后单击"加载…"按钮

（续）

步骤	图示	操作说明
3	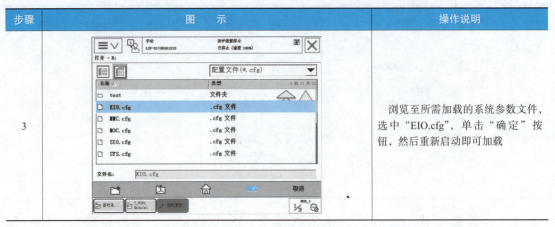	浏览至所需加载的系统参数文件，选中"EIO.cfg"，单击"确定"按钮，然后重新启动即可加载

（4）仿真I/O信号　在仿真过程中，有时需要手动去仿真一些I/O信号，以使当前工作站满足机器人运行条件。表1-9为仿真I/O信号的步骤。在RobotStudio软件的"仿真"菜单中利用"I/O仿真器"可对I/O信号进行仿真。单击"I/O仿真器"，之后在右侧即出现"I/O仿真器"菜单。通过"选择系统"下拉菜单即可选择不同系统中的I/O信号列表，在此窗口中即可对I/O信号进行相应的仿真，以使其满足机器人不同运行情况所需的I/O信号条件。

表1-9　仿真I/O信号的步骤

步骤	图示	操作说明
1	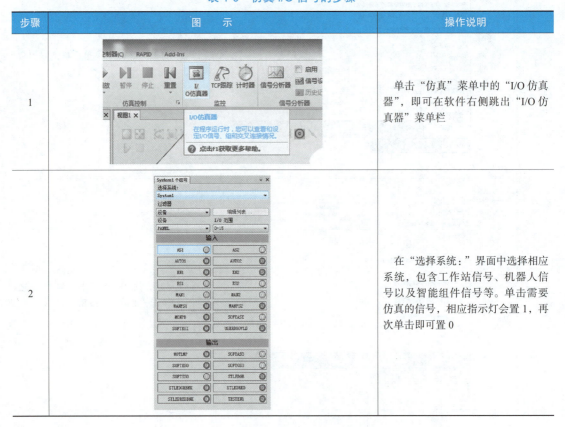	单击"仿真"菜单中的"I/O仿真器"，即可在软件右侧跳出"I/O仿真器"菜单栏
2		在"选择系统："界面中选择相应系统，包含工作站信号、机器人信号以及智能组件信号等。单击需要仿真的信号，相应指示灯会置1，再次单击即可置0

思考与练习

1. 填空题

(1) 目前,应用于工业机器人的编程方式主要有在线示教编程和_____两种。

(2) _____是在专门的软件环境下,用专用或通用程序在离线情况下进行机器人轨迹规划编程的一种方法。

(3) RobotStudio 软件主界面包括"文件"菜单、_____菜单、"建模"菜单、_____菜单、"控制器"菜单、_____菜单及"Add-Ins"菜单。

2. 选择题

(1) 下列哪些选项属于 RobotStudio 软件主界面的"基本"菜单?(　　)

①搭建工作站;②创建系统;③编程路径;④RAPID 文件的管理

A. ①②③④　　　B. ②③④　　　C. ①②③　　　D. ①④

(2) 下列哪些是离线编程的优势?(　　)

①减少机器人的停机时间;②使编程者远离危险的工作环境;③能方便地实现优化编程;④便于修改机器人程序;⑤可使用高级编程语言对复杂任务进行编程

A. ①②③④　　　B. ②③④　　　C. ②③④⑤　　　D. ②③④⑤

3. 判断题

(1) 在线示教编程的程序编制是在机器人作业现场进行的。(　　)

(2) 对于 RobotStudio 软件,可以利用"文件"菜单中的"共享"功能,使用其中的"打包"功能,将所创建的机器人工作站打包成工作包(.rspag 格式)。(　　)

(3) 离线编程使编程者无法远离危险的工作环境。(　　)

(4) "RAPID"选项卡包含 RAPID 编辑器的功能,RAPID 文件的管理以及用于 RAPID 编程的其他控件。(　　)

自我学习检测评分表

任务	目标要求	分值	评分细则	得分	备注
认识工业机器人离线编程技术	1. 了解两种主要的工业机器人编程方式 2. 理解离线编程的主要特点与优势	10	了解与理解		
认识 RobotStudio	1. 了解常见的几种离线编程仿真软件 2. 理解 RobotStudio 软件的特点与主要功能 3. 学会 RobotStudio 软件的安装与激活	30	1. 理解与掌握 2. 操作流程		
RobotStudio 的界面及基本操作	1. 熟悉 RobotStudio 软件的操作界面 2. 掌握 RobotStudio 软件主界面的组成及各菜单的主要功能 3. 掌握工作站的共享操作方法 4. 掌握加载 RAPID 程序模块的操作方法 5. 掌握加载系统参数的操作方法 6. 掌握仿真 I/O 信号的方法	40	1. 理解与掌握 2. 操作流程		
安全操作	符合上机实训操作要求	20	1. 理解与掌握 2. 操作流程		

项目二 工业机器人仿真工作站的构建

▶ 项目描述

1）建立图 2-1 所示的轨迹模拟仿真工作站,选择"IRB 2600"工业机器人,机器人工具为模型库中的设备"MyTool"。

2）建立工业机器人系统并进行仿真操作。

3）创建工业机器人的工件坐标系并完成轨迹程序。

4）仿真运行工业机器人运动的轨迹并录制视频。

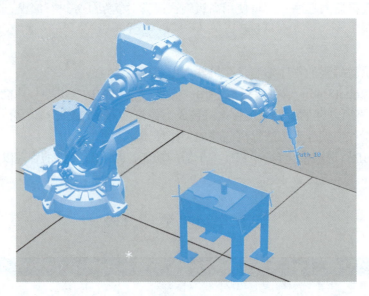

图 2-1 轨迹模拟仿真工作站

▶ 学习目标

1）掌握工业机器人工作站的布局方法。

2）掌握加载工业机器人工作站的方法。

3）掌握创建工业机器人工件坐标系的方法。

4）掌握模拟仿真工业机器人运动轨迹的方法。

5）能够创建模拟轨迹的工业机器人的仿真工作站。

6）能够完成工业机器人的模拟仿真。

7）能够录制和制作工业机器人的仿真运动视频。

项目二 工业机器人仿真工作站的构建

任务一 工业机器人工作站的构建

导入机器人模型

构建一个工业机器人工作站一般包含导入机器人模型、加载工业机器人工具、装载工作台三大步骤。

1. 导入机器人模型

建立工业机器人工作站需要先导入机器人模型,步骤见表2-1。

表2-1 导入机器人模型操作步骤

步骤	图示	操作说明
1		双击打开RobotStudio软件,在"文件"菜单中,选择"新建"→"空工作站",单击"创建",创建一个新的空工作站
2		在"基本"菜单中,单击"ABB模型库"下拉按钮,在下拉菜单中选择"IRB 2600"工业机器人模型
3		打开"IRB 2600"工业机器人属性对话框,保持默认属性设置,单击"确定"按钮

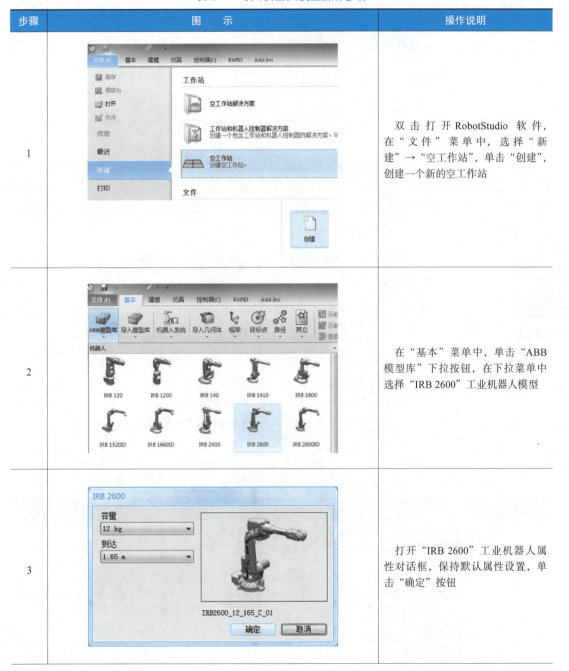

— 15 —

（续）

步骤	图示	操作说明
4	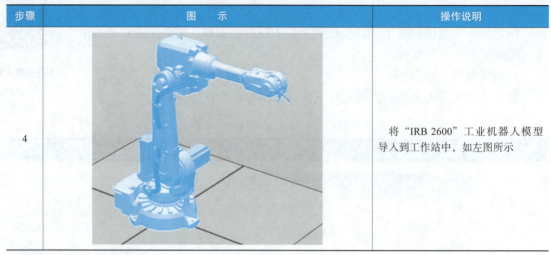	将"IRB 2600"工业机器人模型导入到工作站中，如左图所示

2. 加载工业机器人工具

在加载工业机器人工具之前，需要先检查机器人上原来是否有工具，若有，则需要先将工具从机器人上拆下，在布局菜单中找到要拆除的工具，右击该工具，在弹出的快捷菜单中选择"拆除"选项即可，如图2-2所示。若机器人上没有工具，则按照表2-2的步骤直接加载工具。

加载工业机器人工具

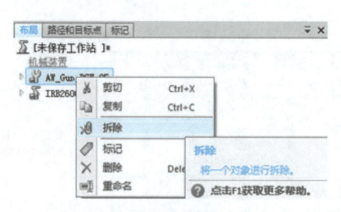

图2-2　工具的拆除

表2-2　加载工业机器人工具操作步骤

步骤	图示	操作说明
1		在"基本"菜单中，单击"导入模型库"下拉按钮，在下拉菜单中单击"设备"

（续）

步骤	图示	操作说明
2		选择"myTool",导入工业机器人工具
3		在工作站的"布局"菜单中选中"MyTool",按住鼠标左键将其拖到"IRB2600_12_165_C_01"上,然后松开鼠标左键
4		在弹出的"更新位置"对话框中,单击"是"按钮以更新工具的位置
5		将工具装载到工业机器人上,并将工具安装在工业机器人的法兰盘上,如左图所示

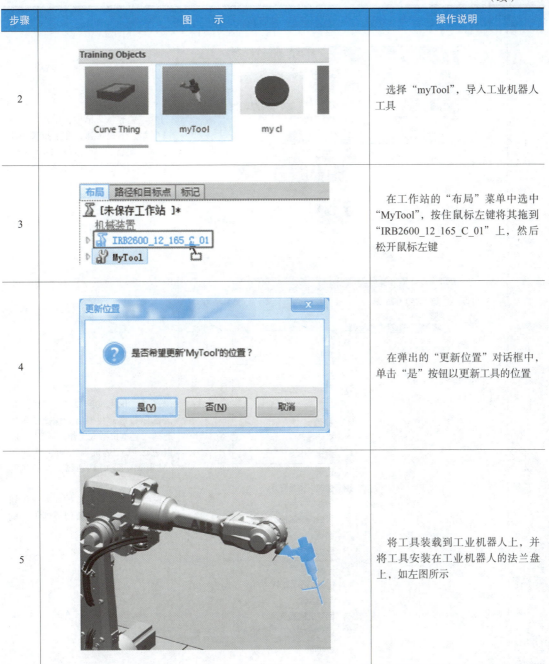

3. 装载工作台

装载工作台的步骤见表2-3。

装载工作台

表 2-3 装载工作台步骤

步骤	图　　示	操作说明
1		在"基本"菜单中，单击"导入模型库"下拉按钮，在下拉菜单中选择"设备"→"propeller table"，将工作台模型导入到工作站中
2		选中"IRB2600_12_165_01"，单击鼠标右键，在弹出的快捷菜单中选择"显示机器人工作区域"选项，白色区域就是机器人的工作区域（见步骤4图），即机器人可达到的工作范围 说明：为了提高节拍和方便规划轨迹，要将工作对象调整到工业机器人的最佳工作范围
3		选中"propeller table"，在 Freehand 工具栏中，选择"大地坐标"选项，再单击"移动"按钮

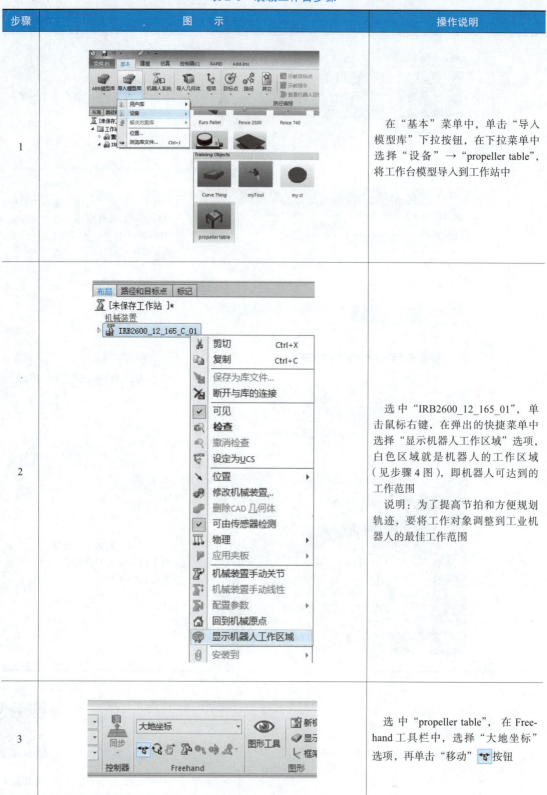

（续）

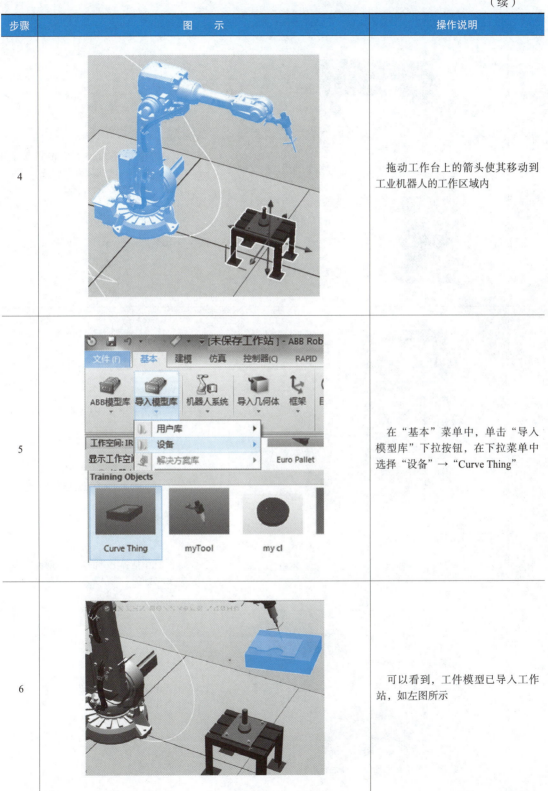

步骤	图 示	操作说明
4		拖动工作台上的箭头使其移动到工业机器人的工作区域内
5		在"基本"菜单中，单击"导入模型库"下拉按钮，在下拉菜单中选择"设备"→"Curve Thing"
6		可以看到，工件模型已导入工作站，如左图所示

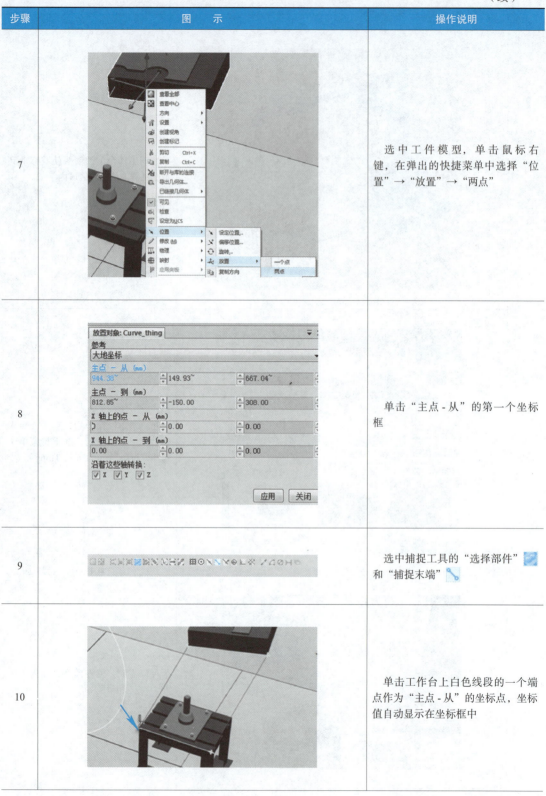

（续）

步骤	图　示	操作说明
11		再单击"主点-到"的第一个坐标框
12		选中捕捉工具的"选择部件"和"捕捉末端"
13		选择工件上的一个端点（箭头所示）作为"主点-到"的坐标点，坐标值自动显示在坐标框中
14		重复第8~13步的操作，分别选择工作台和工件上的另一个端点，完成"X轴上的点-从"和"X轴上的点-到"坐标的设置，然后单击"应用"按钮
15		此时工件已准确放置在工作台上

任务二　工业机器人系统的构建

工业机器人系统的构建

工作站的布局完成后,还要进行工业机器人的仿真操作,所以要为工业机器人加载系统,建立虚拟示教器,使工业机器人具有电气特性,能够完成相关的仿真操作。工业机器人系统的构建步骤见表2-4。

表2-4　工业机器人系统的构建步骤

步骤	图示	操作说明
1		在"基本"菜单中,单击"机器人系统"下拉按钮,在下拉菜单中选择"从布局..."选项
2		在"从布局创建系统"对话框中设定好系统的名称与保存位置,单击"下一个"按钮
3		在"选择系统的机械装置"界面中选择系统的机械装置,完成后单击"下一个"按钮
4		单击"选项..."按钮

（续）

步骤	图示	操作说明
5		单击"Default Language"，勾选"Chinese"，将示教器语言更改为中文
6		单击"Industrial Networks"，勾选"709-1DeviceNet Master/Slave"，单击"确定"按钮
7		系统显示控制器的状态为"正在启动"，等待系统建立完成。完成后，右下角的"控制器状态"应为绿色
8		单击"完成"按钮，创建好机器人系统

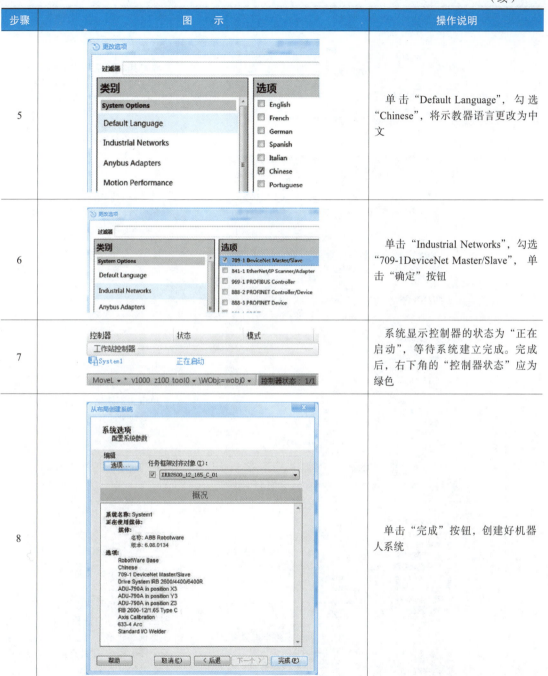

任务三　工业机器人工件坐标系的创建

在 RobotStudio 软件中实现仿真，要与真实的工业机器人一样，需对工件建立工件坐标系，创建步骤见表 2-5。

工业机器人工件坐标系的创建

表 2-5 创建工件坐标系的操作步骤

步骤	图示	操作说明
1		在"基本"菜单中单击"其他"下拉按钮,在下拉菜单中选择"创建工件坐标"选项
2		在"名称"后面的输入框中输入"gongjian1",设定工件坐标系的名称为"gongjian1"
3		单击"工件坐标框架"中的"取点创建框架",打开下拉菜单
4		在打开的下拉菜单中选中"三点"单选按钮 说明:这里要仿真的是平面轨迹,所以工件坐标应选择在工件的表面上,选择轨迹平面上的 3 个点来确定工件坐标系,因此选择形式为三点
5		选择捕捉的物体属性为"表面",捕捉类型为"捕捉末端"

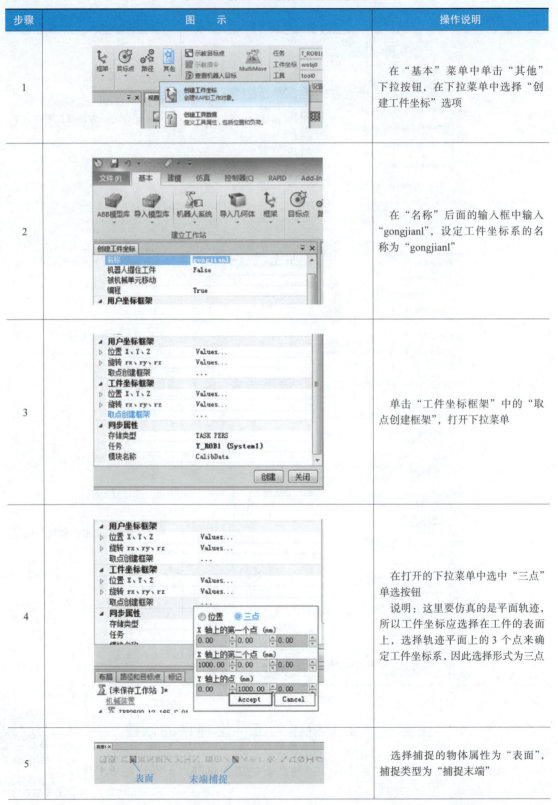

（续）

步骤	图　　示	操作说明
6	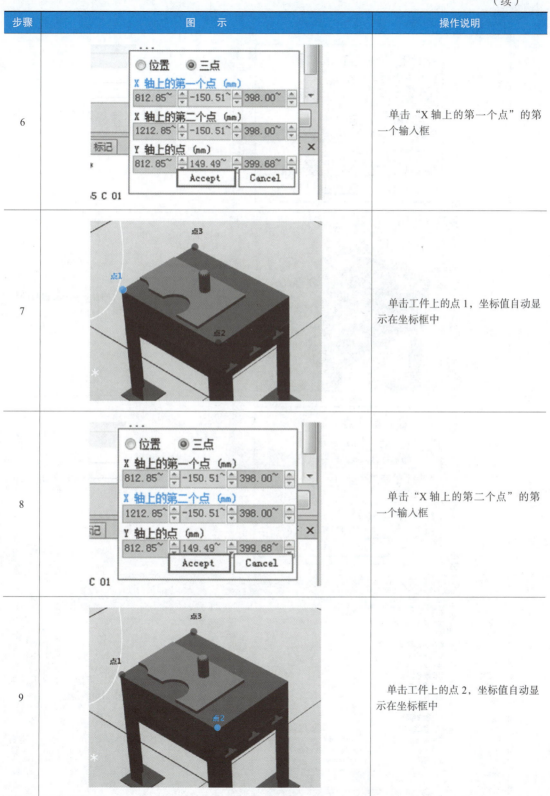	单击"X轴上的第一个点"的第一个输入框
7		单击工件上的点1，坐标值自动显示在坐标框中
8		单击"X轴上的第二个点"的第一个输入框
9		单击工件上的点2，坐标值自动显示在坐标框中

（续）

步骤	图示	操作说明
10		单击"Y轴上的点"的第一个输入框
11		单击工件上的点3，坐标值自动显示在坐标框中
12		确认3个点的数据生成后，单击"Accept"按钮
13		单击"创建"按钮，完成工件坐标系"gongjian1"的创建

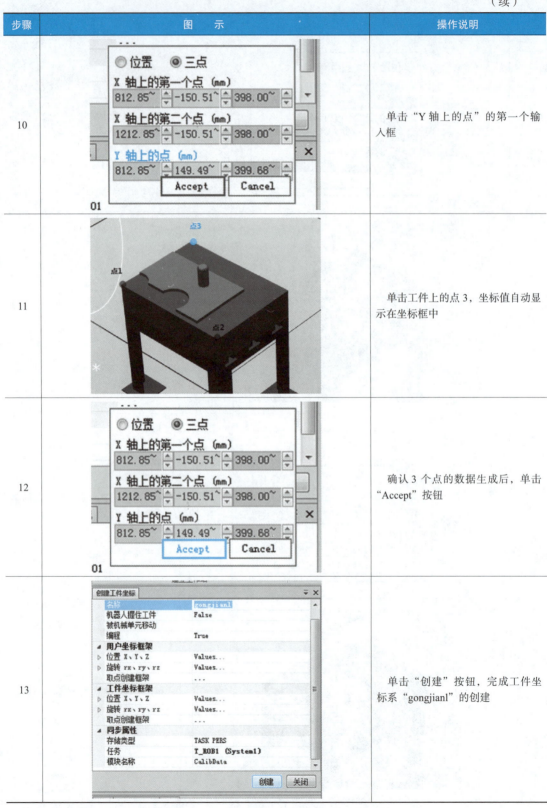

工业机器人仿真工作站的构建 | 项目二

任务四　工业机器人运动轨迹程序的创建

工业机器人运动轨迹程序的创建

本任务要求机器人工具沿着工件的四边外框行走一周，如图2-3所示。

图2-3　行走轨迹路线

在RobotStudio软件中，工业机器人的运动轨迹是通过RAPID程序指令控制的，RobotStudio软件可以同真实的机器人一样进行程序编制，并可将生成的轨迹程序下载到真实的机器人中去运行。编制程序生成运动轨迹的步骤见表2-6。

表2-6　编制程序生成运动轨迹的步骤

步骤	图　　示	操作说明
1		按照左图所示，在"设置"框中，将"工件坐标"选择为"gongjian1"，"工具"选择为"MyTool"
2		在"基本"菜单中，单击"路径"下拉按钮，在下拉菜单中选择"空路径"选项
3		在界面左端的"路径和目标点"选项卡中显示已生成的空路径"Path_10"

— 27 —

（续）

步骤	图示	操作说明
4	 MoveL * v1000 z5 MyTool \WObj:=gongjian1 控制器状态：1/1	在界面下端对运动指令及参数进行设定。运动指令选择为"MoveL"，运动速度选择为"v1000"，转弯半径选择"z5"，工具选择"MyTool"，工件坐标选择"gongjian1"
5		选择"手动关节"
6	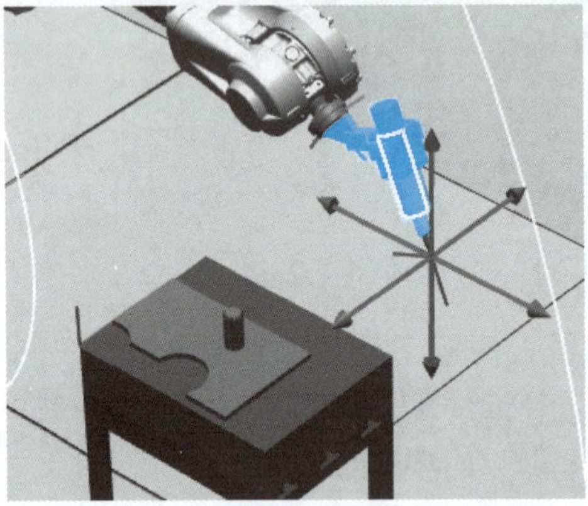	将机器人的工具拖到图中的位置，作为工作原点（Home 点）
7		单击"示教指令"，即创建了一个运动到工作原点（Home 点）的运动指令
8	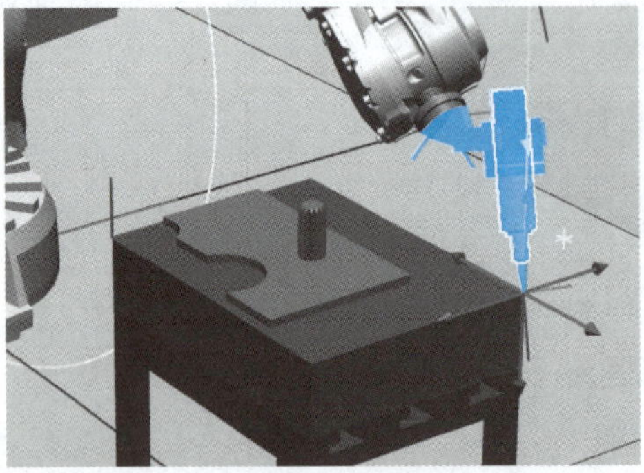	将机器人拖动到工件的第 1 个角点
9		单击"示教指令"，即完成了由工作原点到第 1 个角点的轨迹指令的创建

（续）

步骤	图示	操作说明
10		用同样的方法，依次完成由第1个角点到第2个角点、由第2个角点到第3个角点、由第3个角点到第4个角点、由第4个角点到第1个角点、由第1个角点到工作原点的轨迹指令的创建。最终形成的轨迹路线如左图所示
11		在"Path_10"上单击鼠标右键，在弹出的快捷菜单中选择"自动配置"→"线性/圆周移动指令"选项，配置关节轴
12		在"Path_10"上单击鼠标右键，在弹出的快捷菜单中选择"沿着路径运动"选项

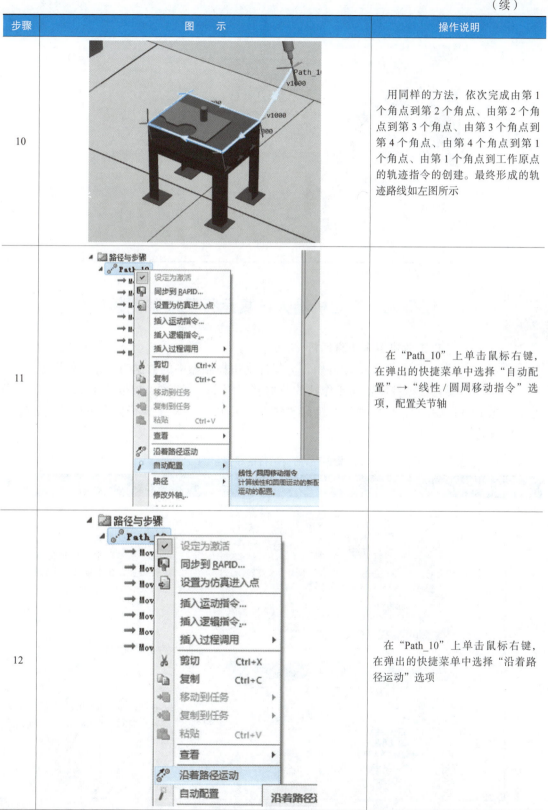

（续）

步骤	图示	操作说明
13	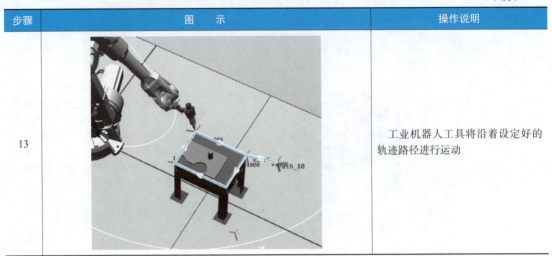	工业机器人工具将沿着设定好的轨迹路径进行运动

工业机器人仿真运行与录制视频

任务五　工业机器人仿真运行及录制视频

1. 工业机器人仿真运行

在 RobotStudio 软件中，为保证虚拟控制器中的数据与工作站的数据一致，需要将虚拟控制器与工作站的数据进行同步。当工作站中的数据被修改后，则需要"同步到 RAPID"，反之则需要执行"同步到工作站"。对工业机器人进行仿真运行的设置步骤见表 2-7。

表 2-7　仿真运行的设置步骤

步骤	图示	操作说明
1		在"基本"菜单中单击"同步"下拉按钮，在下拉菜单中选择"同步到 RAPID…"选项
2		在"同步到 RAPID"对话框中选择所有要同步的项目，单击"确定"按钮

（续）

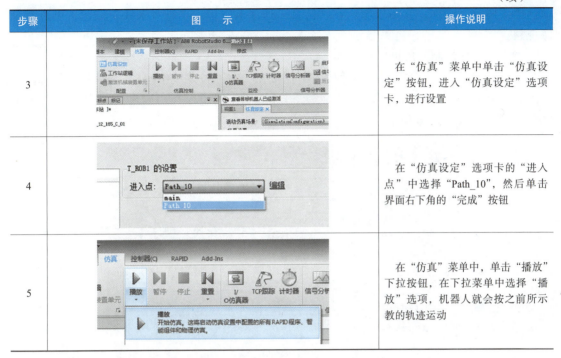

步骤	图示	操作说明
3		在"仿真"菜单中单击"仿真设定"按钮，进入"仿真设定"选项卡，进行设置
4		在"仿真设定"选项卡的"进入点"中选择"Path_10"，然后单击界面右下角的"完成"按钮
5		在"仿真"菜单中，单击"播放"下拉按钮，在下拉菜单中选择"播放"选项，机器人就会按之前所示教的轨迹运动

2. 录制视频或制作可执行文件

将机器人仿真运动录制成视频，可以在没有安装 RobotStudio 软件的计算机中查看工业机器人的运行。还可以将工作站制作成可执行文件，以便更灵活地查看工作站。

（1）录制视频

1）在"文件"菜单中单击"选项"，在打开的"选项"对话框中单击"屏幕录像机"，对录像的参数进行设定，如图 2-4 所示，然后单击"确定"按钮，完成录像设置。

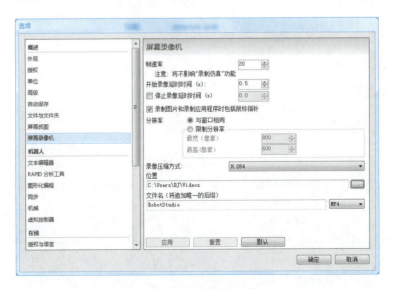

图 2-4　录像设置

2)在"仿真"菜单中单击"仿真录像"按钮,单击"播放"下拉按钮,在下拉菜单中选择"播放"选项,开始录像。在"仿真"选项卡中单击"查看录像"按钮,可查看录像视频。

(2)将工作站制作成可执行文件

1)在"仿真"菜单中单击"播放"下拉按钮,在下拉菜单中选择"录制视图"选项,如图2-5所示。录制完成后弹出"另存为"对话框,指定保存位置和文件名,然后单击"保存"按钮,如图2-6所示。

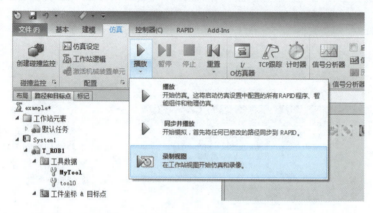

图2-5 选择"录制视图"按钮

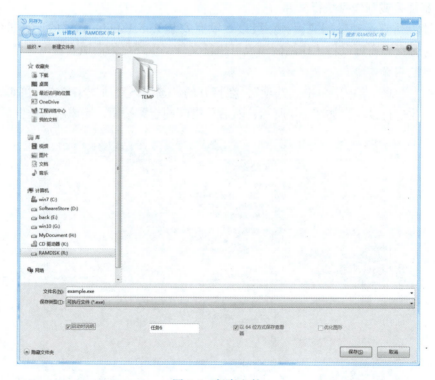

图2-6 保存文件

2)制作的文件可在没有安装RobotStudio软件的计算机上打开。双击打开制作的可执行文件，在这个文件的窗口上使用缩放、平移和转换视角等工具，与安装了 RobotStudio 软件的应用效果一样，如图 2-7 所示。

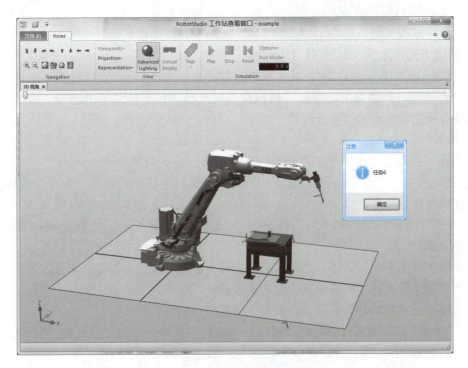

图 2-7　可执行文件打开效果

思考与练习

1. 填空题

（1）构建一个工业机器人工作站一般包含_____、_____、装载工作台三大步骤。

（2）给工作站导入机器人模型是在"_____"菜单中，单击"ABB 模型库"下拉按钮进行工业机器人选型的。

（3）在加载工业机器人工具之前，需要先检查机器人上原来是否有工具，若有，则需要右击该工具，在弹出的快捷菜单中选择"_____"选项将原工具拆下。

（4）导入工业机器人工具后，在工作站的"_____"中选中该工具，按住鼠标左键将其拖到工业机器人上。

（5）在 RobotStudio 软件中，为保证虚拟控制器中的数据与工作站的数据一致，需要要将虚拟控制器与工作站的数据进行同步。当工作站中的数据被修改后，则需要执行"_____"，反之则需要执行"同步到工作站"。

2. 选择题

（1）在 RobotStudio 中创建一个新的工作站是在（　　）菜单中进行操作的。
　　A. 基本　　　　　　B. 文件　　　　　　C. 仿真　　　　　　D. 建模

（2）装载工作台时需要调整工业机器人的工作区域。右击机器人，在弹出的快捷菜单中选择"显示机器人工作区域"选项,出现的(　　)区域就是机器人的工作区域。

A.绿色　　　　B.黄色　　　　C.白色　　　　D.红色

(3)工作站的布局完成后,还需要(　　),建立虚拟示教器,使工业机器人具有电气特性,以完成相关的仿真操作。

A.创建工件坐标系　　B.装载工作台

C.创建轨迹程序　　　D.加载工业机器人系统

(4)在(　　)菜单中,单击"播放"下拉按钮,在下拉菜单中选择"播放"选项,机器人就会按之前所示教的轨迹运动。

A.基本　　　　B.文件　　　　C.仿真　　　　D.建模

(5)在"仿真"菜单中单击"播放"下拉按钮,在下拉菜单中选择(　　)选项。录制完成后弹出"另存为"对话框,指定保存位置和文件名,然后单击"保存"按钮,将工作站制作成可执行文件。

A.播放　　　　B.录制视频　　　C.仿真录像　　　D.查看录像

3.判断题

(1)在加载工业机器人工具之前,需要先检查机器人上原来是否有工具。(　　)

(2)装载工具是将工具安装在工业机器人的法兰盘上。(　　)

(3)工作站布局构建好后,工业机器人就具有了电气特性。(　　)

(4)在对运行轨迹进行仿真前,可以在"仿真"菜单中单击"仿真设定"按钮,进行仿真参数的设置。(　　)

(5)将机器人仿真运动录制成视频并制作成可执行文件后,必须在安装有RobotStudio软件的计算机中才能查看。(　　)

自我学习检测评分表

任务	目标要求	分值	评分细则	得分	备注
工业机器人工作站的构建	1.掌握导入机器人模型的操作方法 2.掌握加载工业机器人工具的操作方法 3.掌握装载工作台的操作方法	20	1.理解与掌握 2.操作流程		
工业机器人系统的构建	1.理解构建工业机器人系统的必要性 2.掌握构建工业机器人系统的操作方法	20	1.理解与掌握 2.操作流程		
工业机器人工件坐标系统的创建	掌握创建工件坐标系的操作方法	20	1.理解与掌握 2.操作流程		
工业机器人运动轨迹程序的创建	掌握创建运动轨迹程序的操作方法	20	1.理解与掌握 2.操作流程		
工业机器人仿真运行及录制视频	1.掌握对工业机器人进行仿真运行的操作方法 2.掌握录制视频和制作可执行文件的操作方法	10	1.理解与掌握 2.操作流程		
安全操作	符合上机实训操作要求	10			

项目三　工业机器人典型应用——搬运

> **项目描述**

以图 3-1 所示的工件搬运为例，利用 ABB IRB 1410 机器人实现将工作台 A 上的工件搬运至工作台 B 上。为实现整个搬运工作站的搬运过程，需要完成以下几项工作。

1）构建搬运工作站。
2）构建搬运工业机器人系统。
3）配置 I/O 信号。
4）创建程序数据。
5）示教目标点。
6）创建搬运程序及仿真运行。

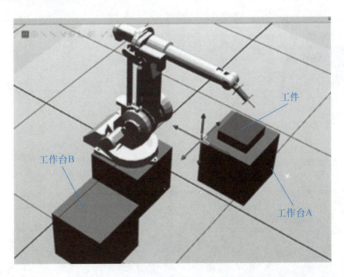

图 3-1　工业机器人搬运工作站示例

> **学习目标**

1）进一步熟悉工业机器人工作站的布局方法。
2）学会用户自定义工具的创建。
3）学会 Smart 组件的创建及设置。
4）学会搬运常用 I/O 配置。
5）学会程序数据创建。
6）学会目标点示教。
7）学会创建搬运程序的方法。

任务一　构建搬运工业机器人工作站

搬运_构建搬运机器人工作站

构建搬运工业机器人工作站主要包含新建工作站、导入工业机器人、加载工业机器人工具、装载工作台与工件、加载防护栏五步。由于本搬运工作站的工业机器人是放置在基座上的，因此在导入工业机器人前需要新建一个矩形基座；搬运工件使用的是吸盘工具，因此在加载工具之前需要自建一个吸盘工具；工作台和工件也是自定义的，因此在加载前都需要先创建好。

1. 新建工作站

新建工作站的步骤见表 3-1。

表 3-1　新建工作站的步骤

步骤	图　　示	操作说明
1		双击打开 RobotStudio 软件，在"文件"菜单中，选择"新建"→"空工作站"，单击"创建"
2		创建一个空的工作站，如左图所示

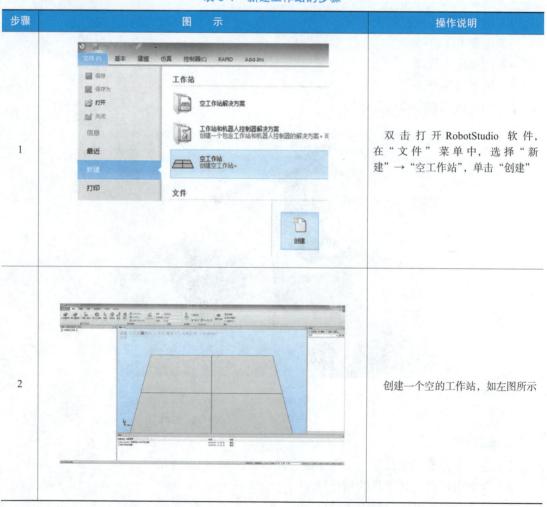

2. 导入工业机器人

图 3-1 所示的搬运工业机器人是放置在一个矩形基座上的，因此，在导入工业机器人之前需要先新建一个矩形基座，然后再导入工业机器人 IRB 1410 并放置在基座上，具体的操作步骤见表 3-2。

表 3-2　导入工业机器人的步骤

步骤	图　示	操作说明
1	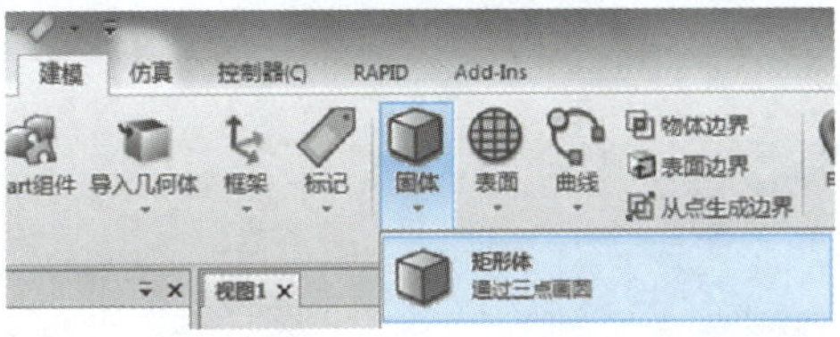	在"建模"菜单中，单击"固体"下拉按钮，在下拉菜单中选择"矩形体"
2	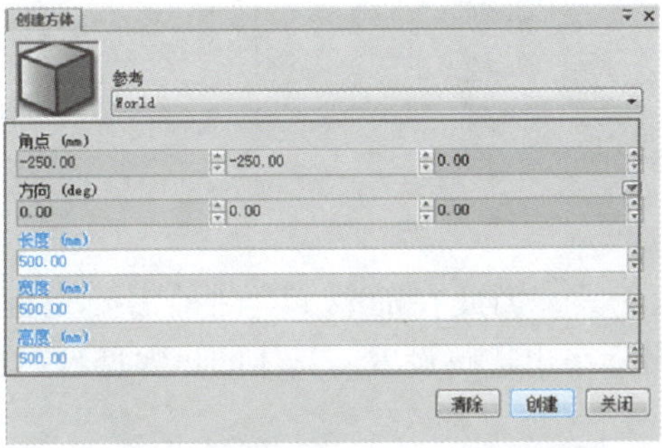	按照左图所示的数据进行设置，然后单击"创建"按钮，即制作了一个 500mm×500mm×500mm 大小的正方体
3	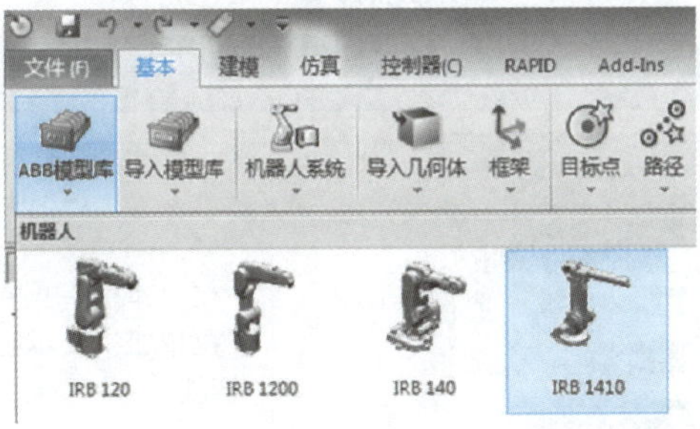	在"基本"菜单中，单击"ABB模型库"下拉按钮，在下拉菜单中选择"IRB1410"，在该工作站中导入 IRB1410 工业机器人
4	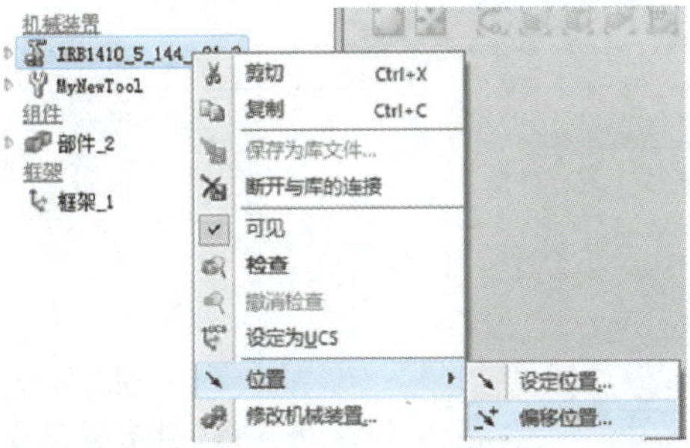	选中刚刚加入的工业机器人"IRB1410_5_114_01_3"，单击鼠标右键，在弹出的快捷菜单中选择"位置"→"偏移位置..."
5	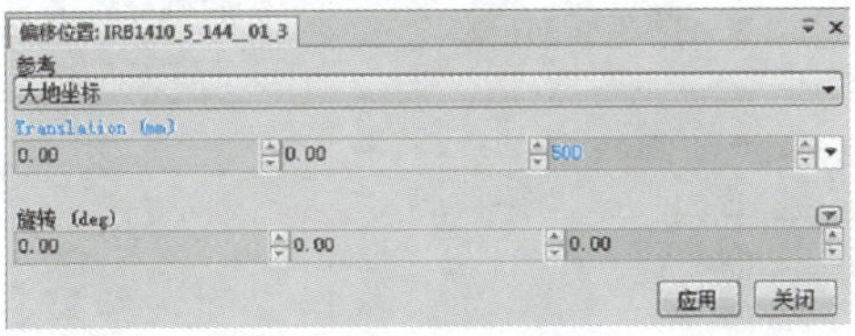	在界面右侧的偏移位置设置框中，单击"Translation"的第 3 个输入框，输入 500

（续）

步骤	图示	操作说明
6	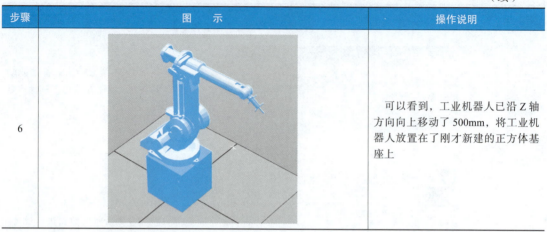	可以看到，工业机器人已沿Z轴方向向上移动了500mm，将工业机器人放置在了刚才新建的正方体基座上

3. 加载工业机器人工具

本工作站搬运工件使用的是吸盘工具，因此在加载工具之前需要先自建一个吸盘工具。在创建吸盘工具后应立即对工具坐标系也进行设置，具体的步骤见表3-3，加载工具的步骤见表3-4。

表 3-3　创建吸盘工具模型的步骤

步骤	图示	操作说明
1	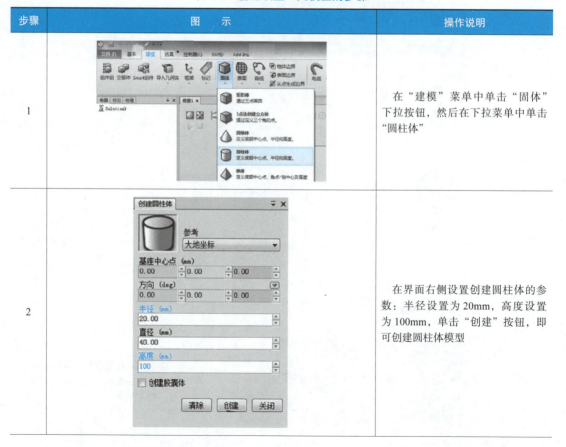	在"建模"菜单中单击"固体"下拉按钮，然后在下拉菜单中单击"圆柱体"
2		在界面右侧设置创建圆柱体的参数：半径设置为20mm，高度设置为100mm，单击"创建"按钮，即可创建圆柱体模型

（续）

步骤	图示	操作说明
3		在"建模"菜单中单击"框架"下拉按钮，在下拉菜单中选择"创建框架"，进行工具坐标系的创建
4		选择"捕捉部件"和"捕捉中心"
5		在界面左边属性栏里单击"框架位置"的第一个输入框
6		单击圆柱顶点中心，然后单击"创建框架"属性栏下方的"创建"按钮
7		图中的"部件_1"为新建的吸盘工具，"框架_1"就是新建吸盘工具的工具坐标系框架
8		选中刚才新建的吸盘工具，单击鼠标右键，选择"重命名"，将其更名为"MyNewTool"

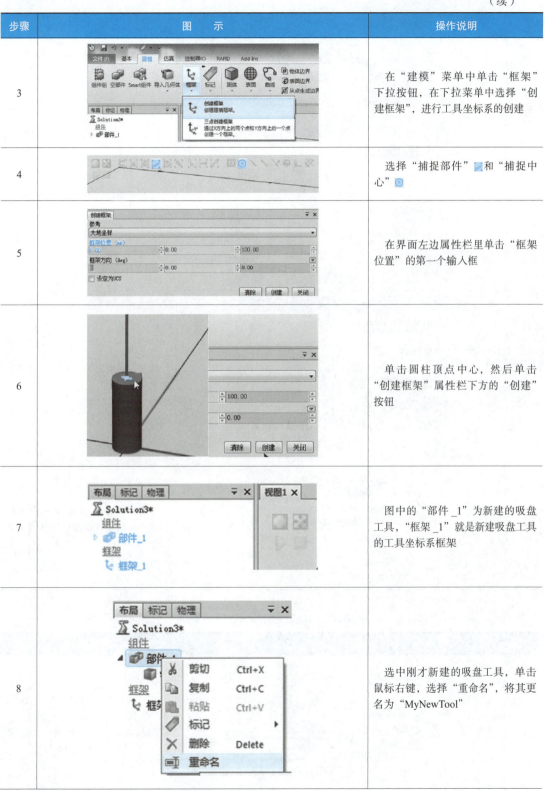

（续）

步骤	图示	操作说明
9		在"建模"菜单中，单击"创建工具"
10		按照左图填写工具信息，然后单击"下一个"按钮
11		按照左图填写TCP信息，然后单击"完成"按钮
12		至此，完成了吸盘工具模型的创建，此时吸盘模型已经变成工具图标

表3-4　加载工业机器人工具的步骤

步骤	图示	操作说明
1		选中吸盘工具"MyNewTool"，单击鼠标右键，在弹出的快捷菜单中选择"安装到"→"IRB1410_5_114_01_3"

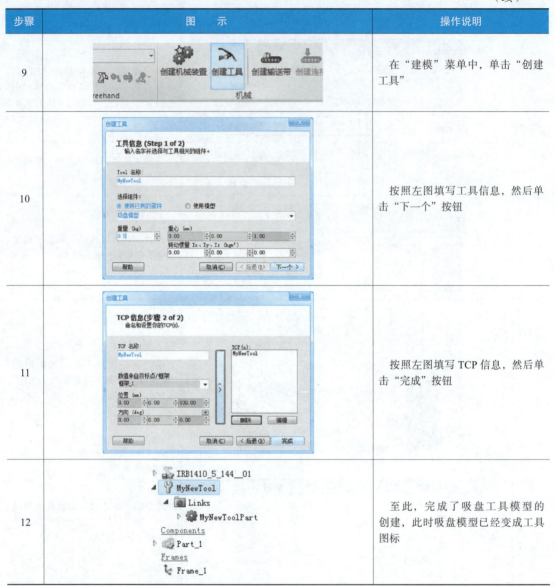

（续）

步骤	图示	操作说明
2		单击"是"按钮，将吸盘工具安装到机器人上

4. 装载工作台与工件

本工作站使用的是自建的工作台与工件，因此需要先自建相应的工作台与工件。装载工作台时需要注意的是，工作台一定要放置在工业机器人的最佳工作范围内。装载工作台的操作步骤见表 3-5。

表 3-5 装载工作台的操作步骤

步骤	图示	操作说明
1		在"建模"菜单中，单击"固体"下拉按钮，在下拉菜单中选择"矩形体"
2	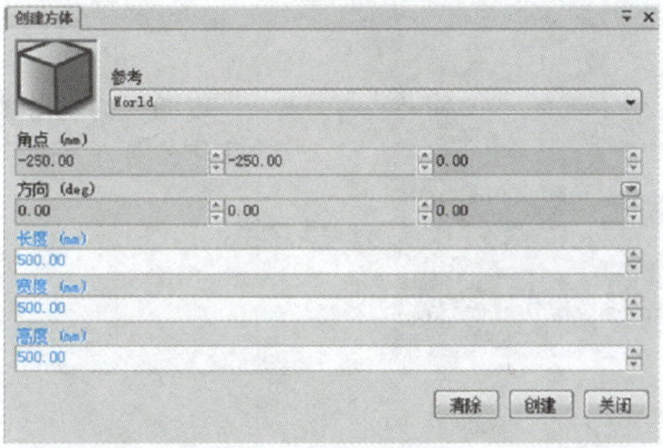	按照左图参数进行设置，创建 500mm×500mm×500mm 大小的工作台 A
3	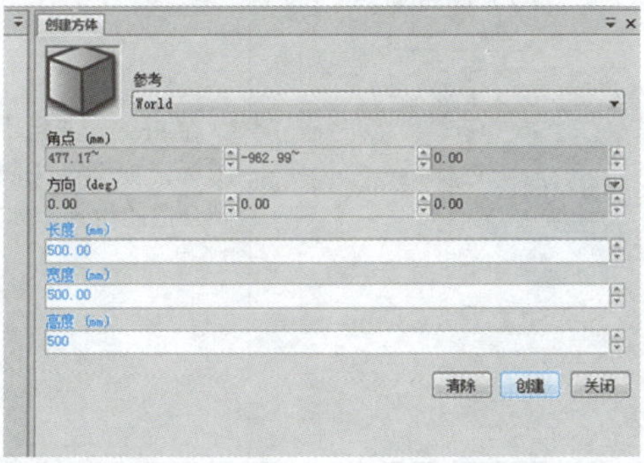	再用同样的方法，按照左图的参数创建一个同尺寸的工作台 B

(续)

步骤	图示	操作说明
4	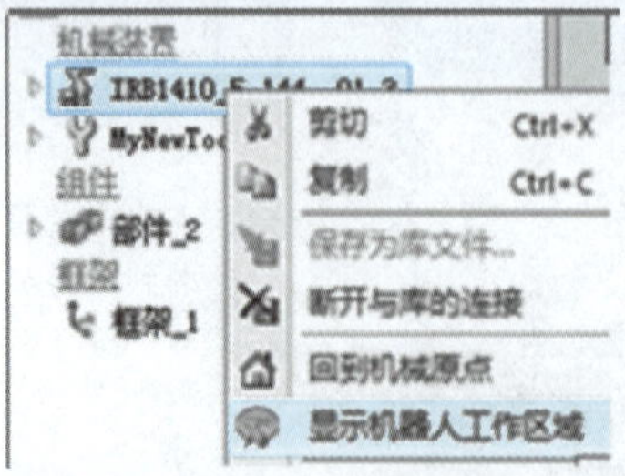	选中"IRB1410_5_114_01_3",单击鼠标右键,选择"显示机器人工作区域"
5		按照左图所示进行选择,然后单击"关闭"按钮
6	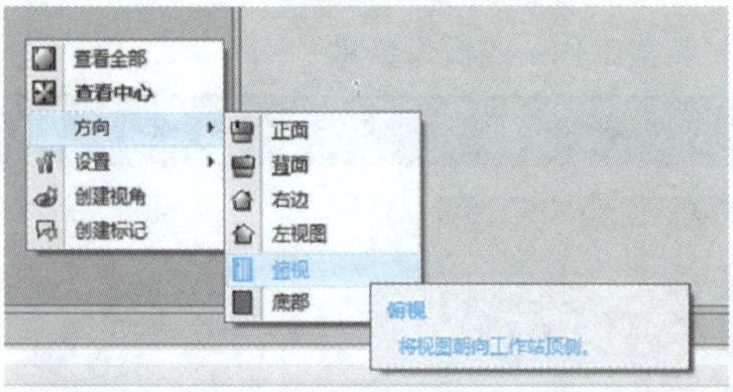	在视图1窗口空白区域单击鼠标右键,选择"方向"→"俯视"
7	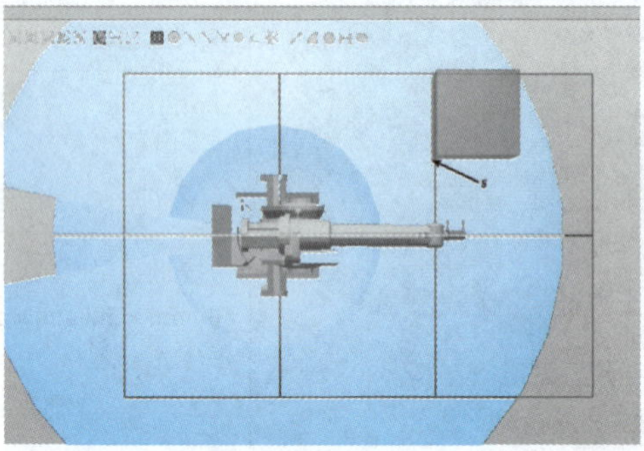	以俯视的视角显示工业机器人的工作范围
8	 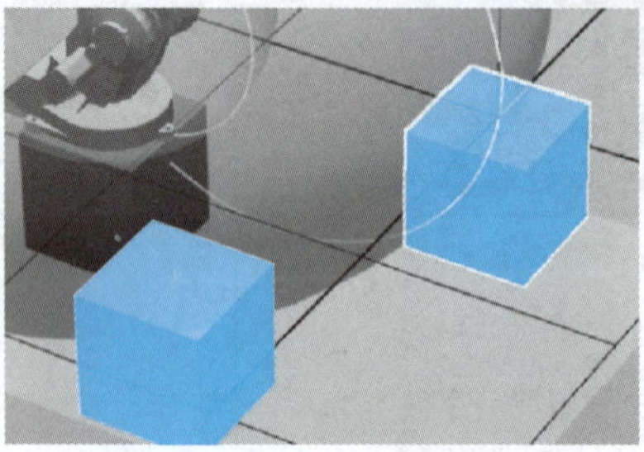	在Freehand栏中单击"移动"图标,拖动箭头将两个工作台放置到合适的位置,如左图所示

（续）

步骤	图示	操作说明
9		选中"IRB1410_5_114_01_3"，单击鼠标右键，选择"显示机器人工作区域"，取消显示工作区域功能

搬运工作站的工件为搬运的货物，在本工作站中，创建一个矩形块工件作为搬运的对象。为了突出显示，将其颜色更改为红色。装载工件的步骤见表3-6。

表 3-6 装载工件的步骤

步骤	图示	操作说明
1	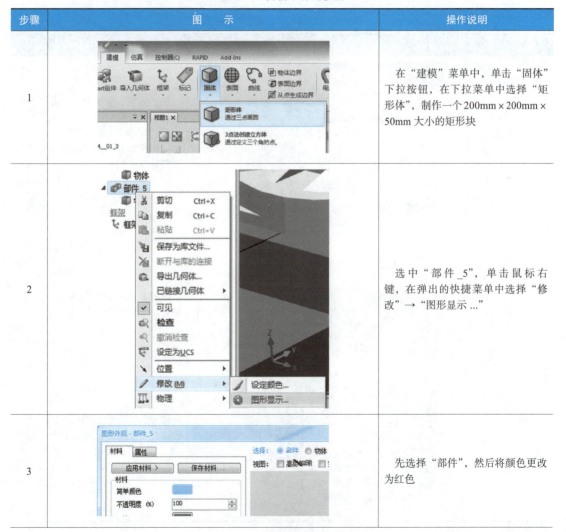	在"建模"菜单中，单击"固体"下拉按钮，在下拉菜单中选择"矩形体"，制作一个200mm×200mm×50mm 大小的矩形块
2		选中"部件_5"，单击鼠标右键，在弹出的快捷菜单中选择"修改"→"图形显示..."
3		先选择"部件"，然后将颜色更改为红色

— 43 —

（续）

步骤	图示	操作说明
4		参考前面移动工作台的方法，将工件移动到合适的位置

5. 加载防护栏

构建本工作站需要用到的防护栏为：5 个 Fence 740、3 个 Fence 2500 和 1 个 Fence Gate。加载防护栏的操作步骤见表 3-7。

表 3-7　加载防护栏的操作步骤

步骤	图示	操作说明
1		在"基本"菜单中，单击"导入模型库"下拉按钮，在下拉菜单中选择"设备"，单击"Fence 740"。本工作站共需要 5 个 Fence 740，所以需要添加 5 次 用同样的方法，再添加 3 个 Fence 2500 和 1 个 Fence Gate
2		放置移动防护栏到合适的位置，最终建立的防护栏如左图所示
3		因为防护装置在图像上过于烦琐，可以在左图所示位置选中所有防护栏，单击鼠标右键，将"可见"项目前面的勾选去掉，将防护栏隐藏

工业机器人典型应用——搬运　项目三

任务二　构建搬运工业机器人系统

搬运_构建搬运
工业机器人系统

构建搬运工业机器人系统的步骤见表 3-8。

表 3-8　构建搬运工业机器人系统的步骤

步骤	图　示	操作说明
1		在"基本"菜单中，单击"机器人系统"下拉按钮，选择"从布局…"
2		在"从布局创建系统"对话框中设定系统的名称和保存位置，单击"下一个"按钮
3		选择系统的机械装置，勾选"IRB1410_5_144_01_3"，单击"下一个"按钮

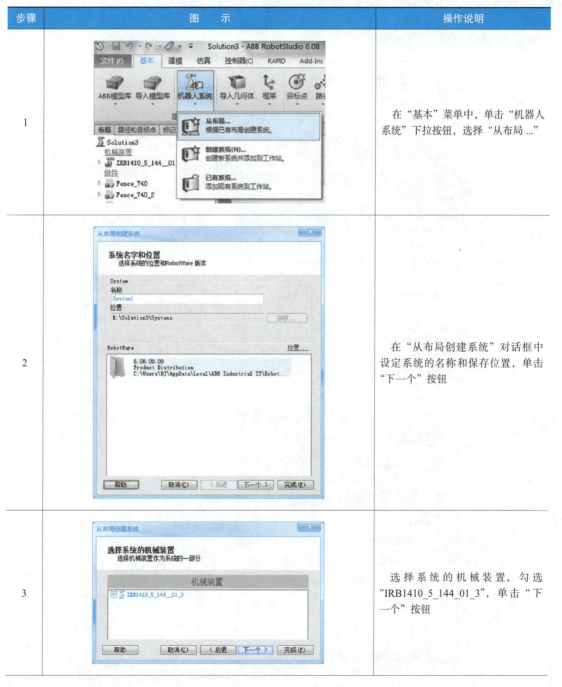

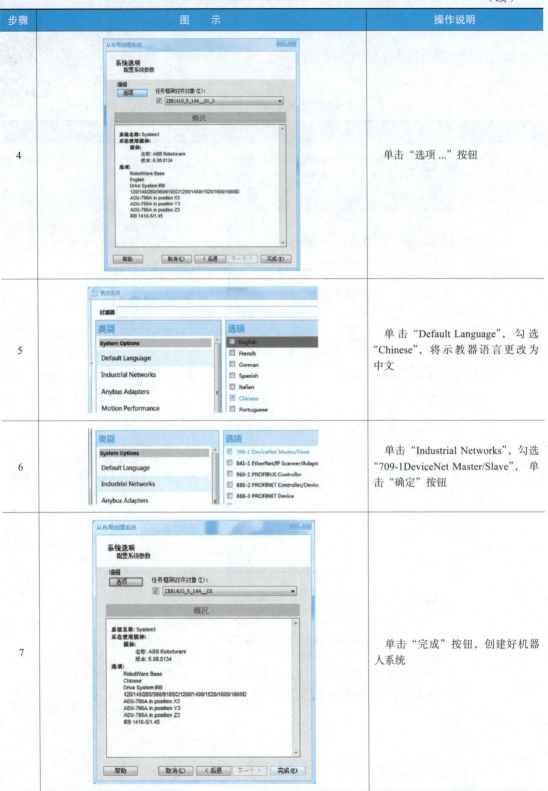

(续)

步骤	图示	操作说明
4		单击"选项..."按钮
5		单击"Default Language",勾选"Chinese",将示教器语言更改为中文
6		单击"Industrial Networks",勾选"709-1DeviceNet Master/Slave",单击"确定"按钮
7		单击"完成"按钮,创建好机器人系统

任务三　配置系统输入/输出

搬运_配置系统输入输出

在 RobotStudio 软件中，ABB 虚拟 I/O 板是下挂在虚拟总线 Virtual1 下面的，每一块虚拟 I/O 板可以配置 512 个数字输入和 512 个数字输出，输入和输出占用地址是 0~511。虚拟 I/O 的作用就如同 PLC 的中间继电器一样，起到信号之间的关联和过渡作用。在系统中配置虚拟 I/O 板需要设定表 3-9 所示的 4 项参数。

表 3-9　配置虚拟 I/O 板的参数说明

参数名称	参数注释
Name	I/O 单元名称
Type of Unit	I/O 单元类型
Connected to Bus	I/O 单元所在总线
DeviceNet Address	I/O 单元所占用总线地址

在本工作站中，需要按照表 3-10 所示的参数配置 I/O 单元。配置好虚拟 I/O 板后，还需要配置 I/O 信号。本搬运工作站需要配置一个数字输出信号（见表 3-11），用来控制吸盘真空地打开。配置 I/O 板的步骤见表 3-12，配置 I/O 信号的步骤见表 3-13。

表 3-10　I/O 单元 Unit 参数

参数名称	设　定　值
Name	d652
Type of Unit	DSQC 652 24 VDC I/O Device
Connected to Bus	DeviceNet
DeviceNet Address	10

表 3-11　I/O 信号参数配置

Name	Type of Signal	Assigned to Device	Device Mapping	I/O 信号注解
DoVacuum	Digitial Output	d652	0	控制吸盘真空地打开

表 3-12　配置 I/O 板的步骤

步骤	图　　示	操作说明
1		单击"控制器"，双击"I/O System"，单击"参数配置编辑器..."

（续）

步骤	图示	操作说明
2		单击"DeviceNet Device"，在左图所示界面的空白区域，单击鼠标右键，选择"新建 DeviceNet Device…"
3		单击"使用来自模板的值"的下拉按钮，选择"DSQC 652 24 VDC I/O Device"
4		将"Name"更改为"d652"，"Address"更改为"10"，然后单击"确定"按钮
5		单击"确定"按钮

表 3-13 配置 I/O 信号的步骤

步骤	图示	操作说明
1		在左图所示界面，单击"Signal"，选中某一信号，右键单击，选择"新建 Signal…"

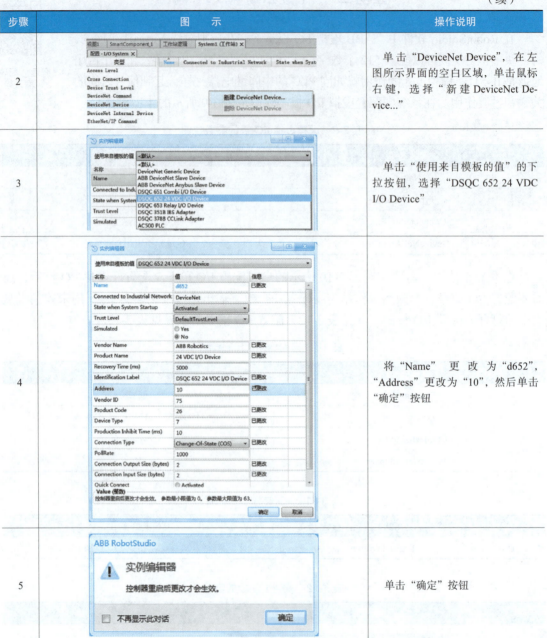

（续）

步骤	图示	操作说明
2	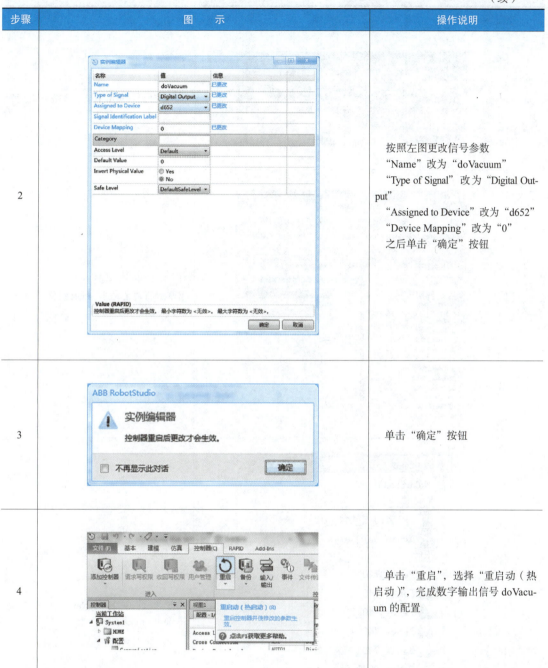	按照左图更改信号参数 "Name"改为"doVacuum" "Type of Signal"改为"Digital Output" "Assigned to Device"改为"d652" "Device Mapping"改为"0" 之后单击"确定"按钮
3		单击"确定"按钮
4		单击"重启",选择"重启动(热启动)",完成数字输出信号doVacuum的配置

任务四　创建动态吸盘工具

要想前面创建的吸盘工具能够实现动态搬运操作，还需要将吸盘工具修改为smart组件，具体步骤见表3-14。

搬运_创建动态吸盘工具

表 3-14 创建动态吸盘的方法

步骤	图　　示	操作说明
1		在"建模"菜单中单击"Smart 组件"
2		显示新建了一个 Smart 组件"SmartComponent_1"
3		将吸盘工具 MyNewTool 拖曳到"SmartComponent_1"上

（续）

步骤	图示	操作说明
4		此时显示 MyNewTool 已到子对象组件中
5		右键单击子对象组件中的"MyNewTool"，选择"设定为 Role"
6		单击"添加组件"，单击"传感器"，选择"LineSensor"，添加传感器组件，该组件为一个线性传感器，其功能是检测是否有物体与某两点之间的线条相交

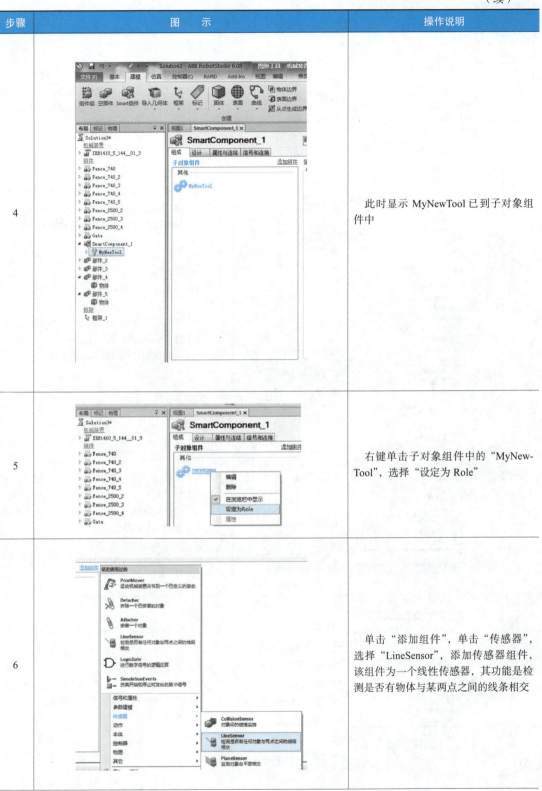

（续）

步骤	图示	操作说明
7	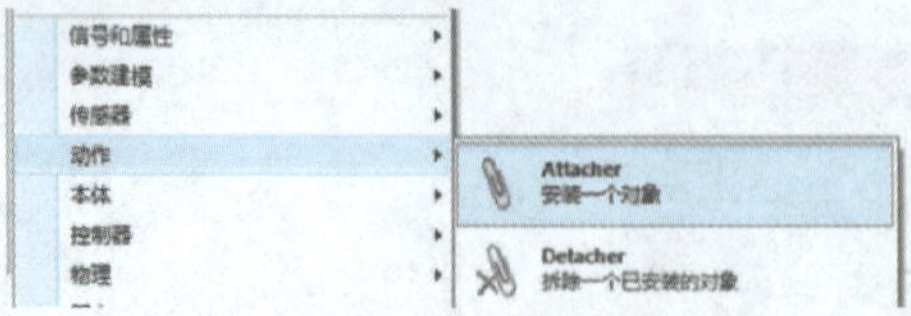	单击"添加组件"，单击"动作"，选择"Attacher"，添加 Attacher 组件，该组件可实现动态吸盘吸附物料的功能
8	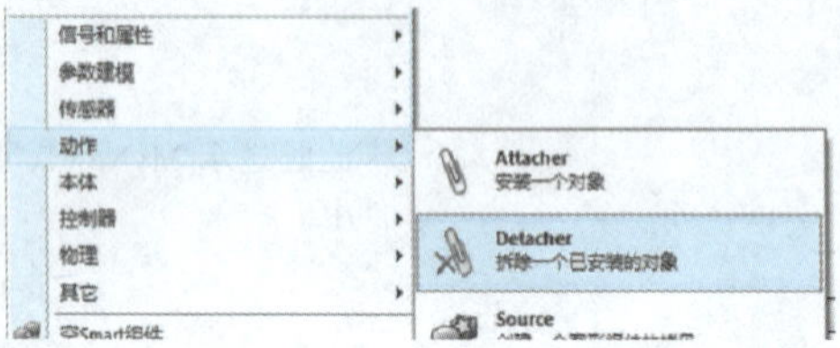	单击"添加组件"，单击"动作"，选择"Detacher"，添加 Detacher 组件，该组件可实现动态吸盘放下物料的功能
9	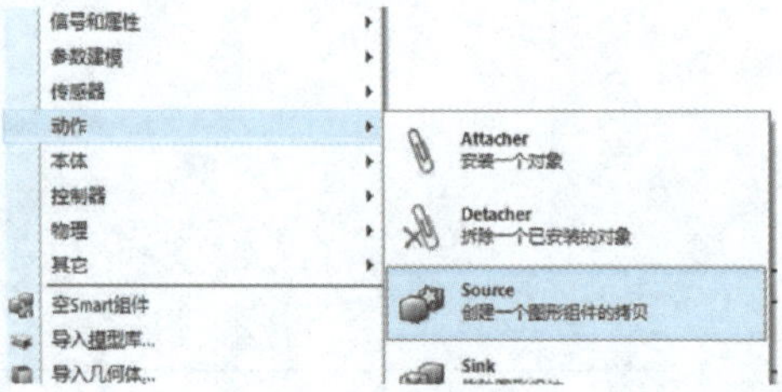	单击"添加组件"，单击"动作"，选择"Source"，添加 Source 组件，该组件的功能是创建物料的复制体
10	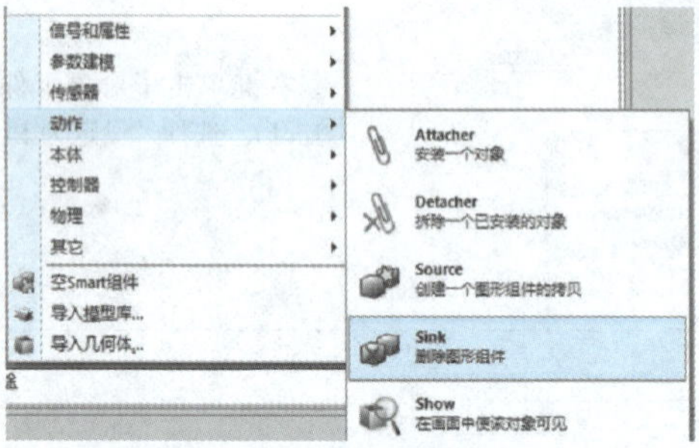	单击"添加组件"，单击"动作"，选择"Sink"，添加 Sink 组件，该组件的功能是删除图形组件，在本工作站中是实现物料的删除
11	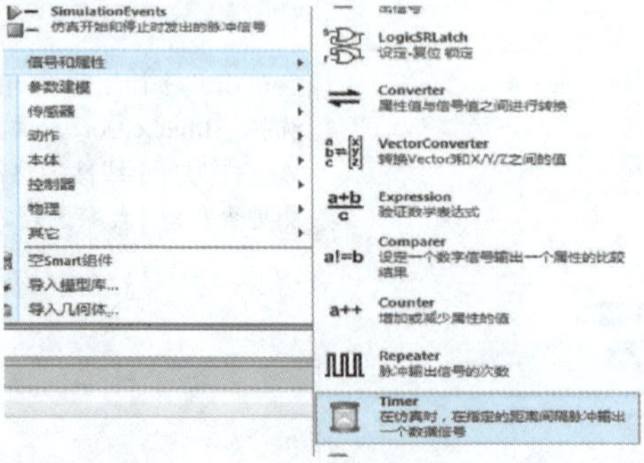	单击"添加组件"，单击"信号和属性"，选择"Timer"，添加 Timer 组件，该组件可以产生具有一定时间间隔的脉冲信号

（续）

步骤	图示	操作说明
12	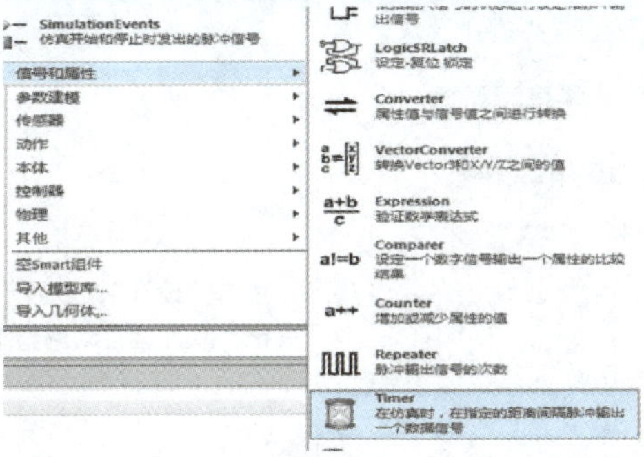	单击"添加组件"，单击"信号和属性"，选择"Timer"，再次添加一个 Timer 组件
13	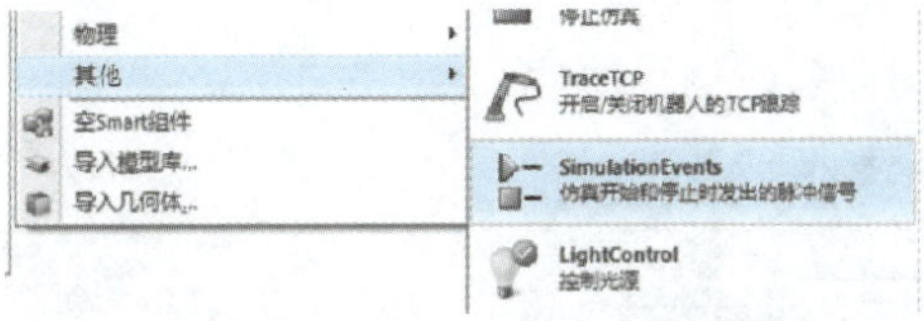	单击"添加组件"，单击"其他"，选择"SimulationEvents"，添加 SimulationEvents 组件，该组件的功能是在仿真开始和停止时发出相应的脉冲信号
14	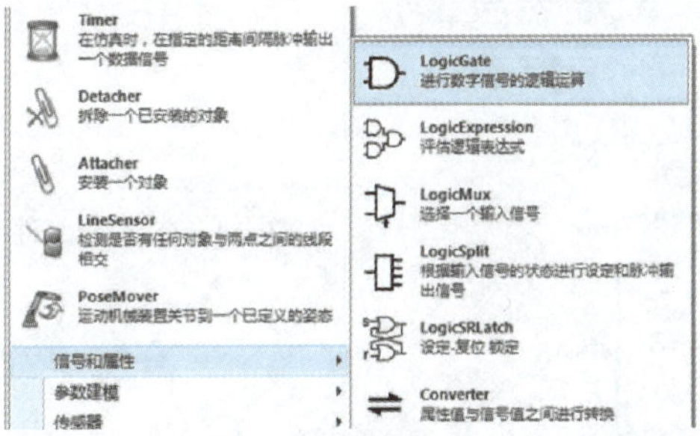	单击"添加组件"，单击"信号和属性"，选择"LogicGate"，添加 LogicGate 组件，该组件的功能是进行数字信号的逻辑运算
15	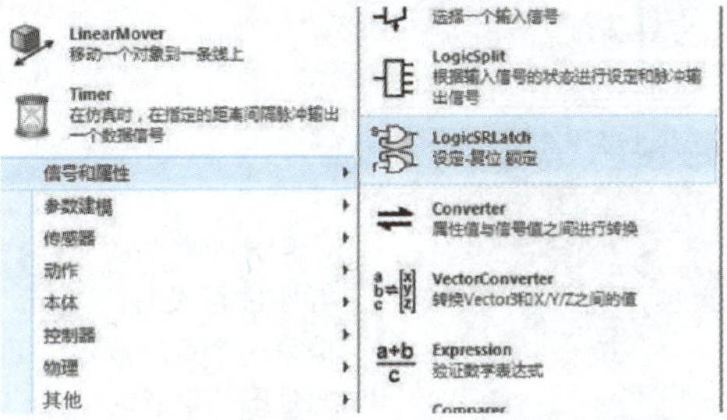	单击"添加组件"，单击"信号和属性"，选择"LogicSRLatch"，添加 LogicSRLatch 组件，该组件的功能是设定复位锁定
16	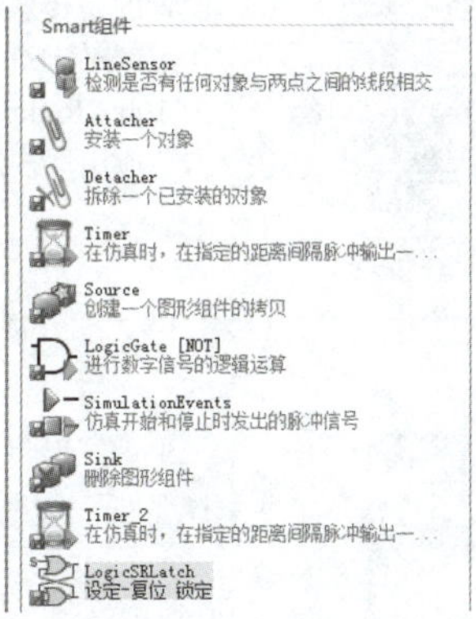	最终完成图中所示组件的添加

（续）

步骤	图 示	操作说明
17		单击"设计",之后单击"自动整理"按钮,软件会自动调整组件大小及位置
18		单击 LineSensor 组件
19		在界面右侧的属性框中对 LineSensor 组件进行设置。"Start"输入框设置的是第一个点的位置;"End"输入框设置的是第二个点的位置;"Radius"输入框设置的是传感器的半径范围。将"End"参数的 Z 向高度(第 3 个输入框)更改为 100,Radius 参数更改为 5,然后单击"应用"按钮
20		单击"视图 1",在视图 1 中选中"选择部件"图标

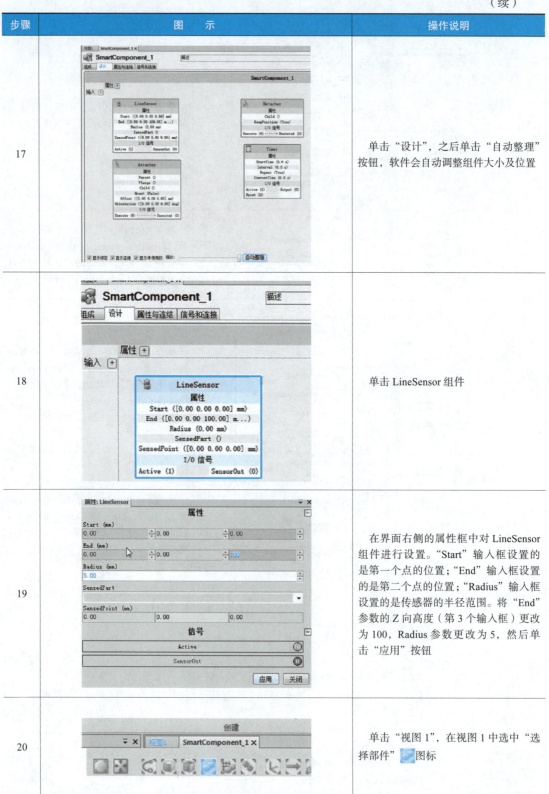

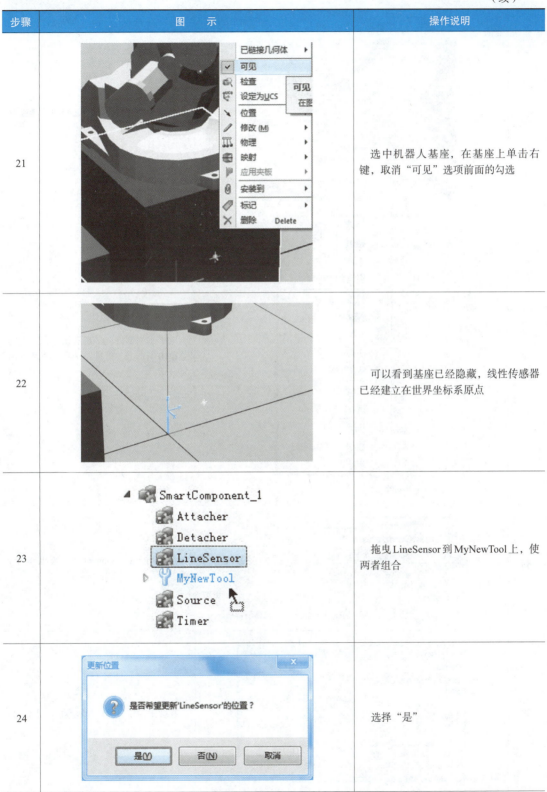

（续）

步骤	图示	操作说明
25		可以看到线性传感器已经垂直于吸盘表面了
26		选中基座部件，单击右键，在弹出的菜单中勾选上"可见"选项，将基座恢复显示
27		在"SmartComponent_1"选项卡中，单击"设计"，单击"输入"
28		在弹出的窗口中添加吸盘的输入信号

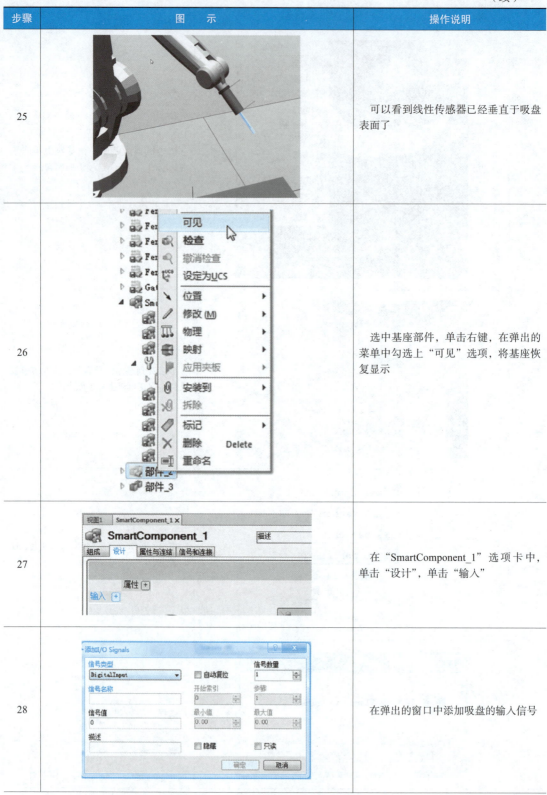

（续）

步骤	图　　示	操作说明
29	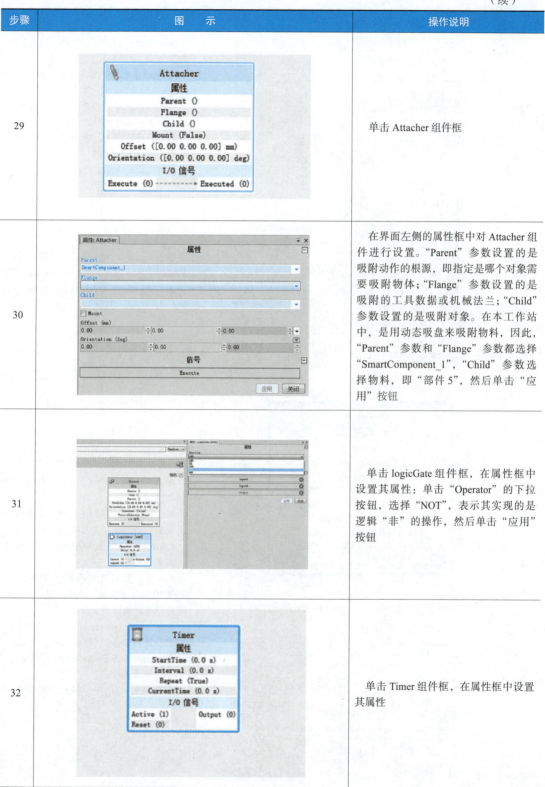	单击 Attacher 组件框
30		在界面左侧的属性框中对 Attacher 组件进行设置。"Parent"参数设置的是吸附动作的根源，即指定是哪个对象需要吸附物体；"Flange"参数设置的是吸附的工具数据或机械法兰；"Child"参数设置的是吸附对象。在本工作站中，是用动态吸盘来吸附物料，因此，"Parent"参数和"Flange"参数都选择"SmartComponent_1"，"Child"参数选择物料，即"部件5"，然后单击"应用"按钮
31		单击 logicGate 组件框，在属性框中设置其属性：单击"Operator"的下拉按钮，选择"NOT"，表示其实现的是逻辑"非"的操作，然后单击"应用"按钮
32		单击 Timer 组件框，在属性框中设置其属性

（续）

步骤	图示	操作说明
33	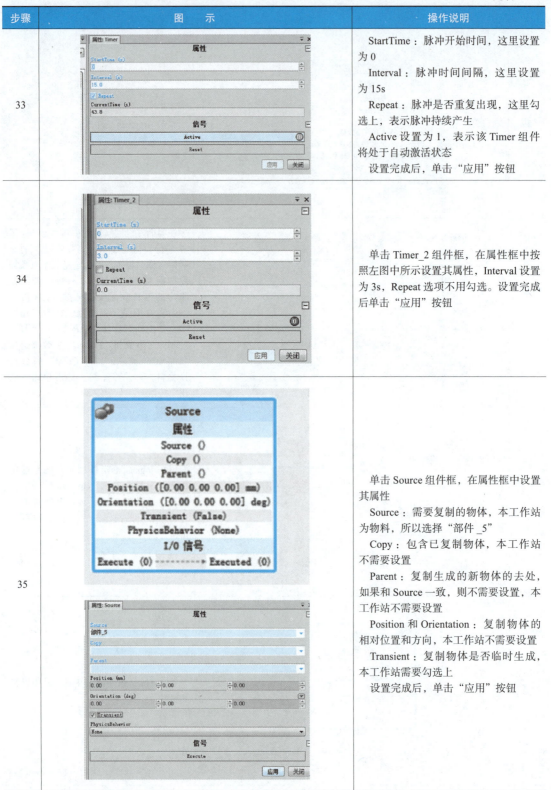	StartTime：脉冲开始时间，这里设置为0 Interval：脉冲时间间隔，这里设置为15s Repeat：脉冲是否重复出现，这里勾选上，表示脉冲持续产生 Active 设置为1，表示该 Timer 组件将处于自动激活状态 设置完成后，单击"应用"按钮
34		单击 Timer_2 组件框，在属性框中按照左图中所示设置其属性，Interval 设置为3s，Repeat 选项不用勾选。设置完成后单击"应用"按钮
35		单击 Source 组件框，在属性框中设置其属性 Source：需要复制的物体，本工作站为物料，所以选择"部件_5" Copy：包含已复制物体，本工作站不需要设置 Parent：复制生成的新物体的去处，如果和 Source 一致，则不需要设置，本工作站不需要设置 Position 和 Orientation：复制物体的相对位置和方向，本工作站不需要设置 Transient：复制物体是否临时生成，本工作站需要勾选上 设置完成后，单击"应用"按钮

（续）

步骤	图示	操作说明
36		单击 LogicSRLatch 组件框
37		在属性框中按照右图中所示设置其属性

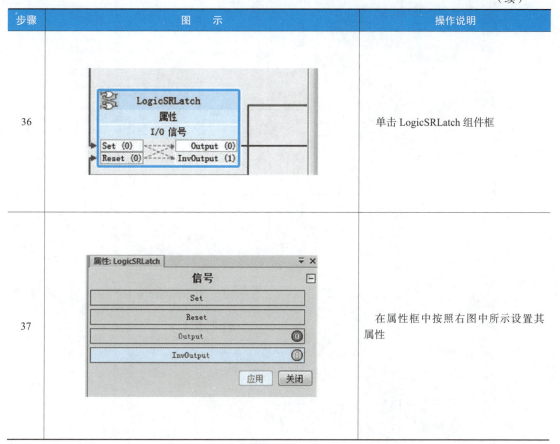

各组件的属性设置完成后，按照图 3-2 所示连接起来。当单击"仿真"按钮开始仿真操作时，SimulationEvents 组件输出信号 1，并作为 Source 组件的一个输入，它将触发 Source 组件产生一个新的物料。之后，Timer 组件将重复地产生间隔为 15s 的脉冲信号，作为 Source 组件的输入信号，控制 Source 组件每隔 15s 在同一个位置生成一个新的物料以供搬运。

当机械臂操纵动态吸盘到达物料放置位置时，RAPID 程序执行 set vacuumSet 指令，该指令使得 vacuumSet 信号置 1，使能 LineSensor 组件，该组件开始工作，输出信号为 1，并作为 Attacher 组件的输入信号，触发 Attacher 组件工作，执行动态吸盘吸取物料的操作；当机械臂操纵动态吸盘将物料运送到工作台 B 上的放置位置时，RAPID 程序将执行 reset vacuumSet 指令，该指令使得 vacuumSet 信号置 0，此时 LineSensor 组件失效，其输出信号变为 0。该输出信号 0 经过 LogicGate 组件进行"取反"操作后变为 1，并作为 Detacher 组件的输入信号，触发 Detacher 组件工作，执行动态吸盘释放物料的操作。此时 Detacher 组件输出信号 1，并作为 LogicSRLatch 组件的输入信号，LogicSRLatch 组件将该信号进行锁存，触发 Timer_2 组件产生间隔为 3s 的脉冲信号，该脉冲信号触发 Sink 组件工作，让刚才搬运过来的物料消失，避免影响后续物料的搬运。Sink 组件操作执行完毕后，复位 LogicSRLatch 组件，与此同时，Timer_2 组件和 Sink 组件停止工作。

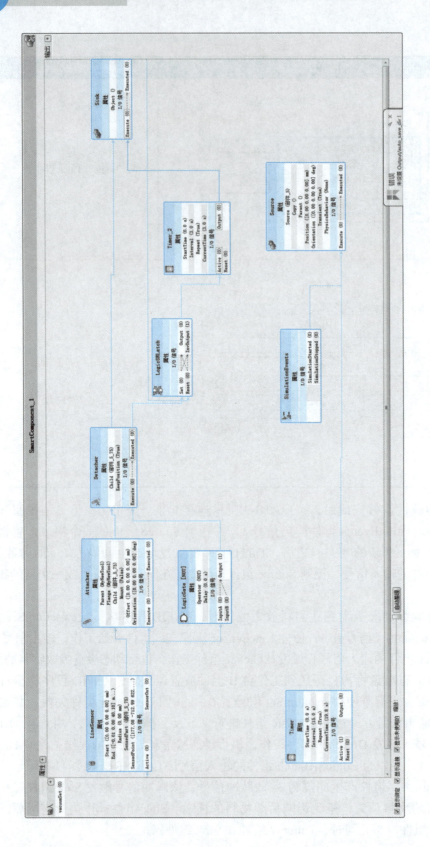

图 3-2　Smart 组件连接示意图

任务五　创建工件坐标系

本工作站需要建立两个工件坐标系。建立工件坐标系的步骤见表 3-15。

搬运 _ 创建工件坐标系

表 3-15　建立工件坐标系的步骤

步骤	图　　示	操作说明
1		在"基本"菜单中单击"其他"下拉按钮，在下拉菜单中选择"创建工件坐标"选项
2		此时在窗口右侧弹出"创建工件坐标"对话框
3		在"名称"后面的输入框中可以输入工件坐标系的名称，本任务中采用默认名称"Workobject_1"
4		单击"工件坐标框架"中的"取点创建框架"，打开下拉菜单

— 61 —

（续）

步骤	图　　示	操作说明
5	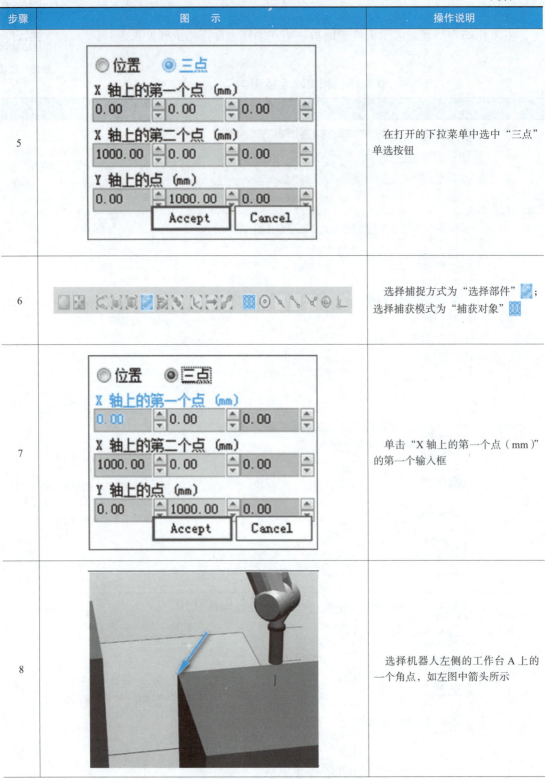	在打开的下拉菜单中选中"三点"单选按钮
6		选择捕捉方式为"选择部件"；选择捕获模式为"捕获对象"
7		单击"X轴上的第一个点（mm）"的第一个输入框
8		选择机器人左侧的工作台A上的一个角点，如左图中箭头所示

（续）

步骤	图　示	操作说明
9	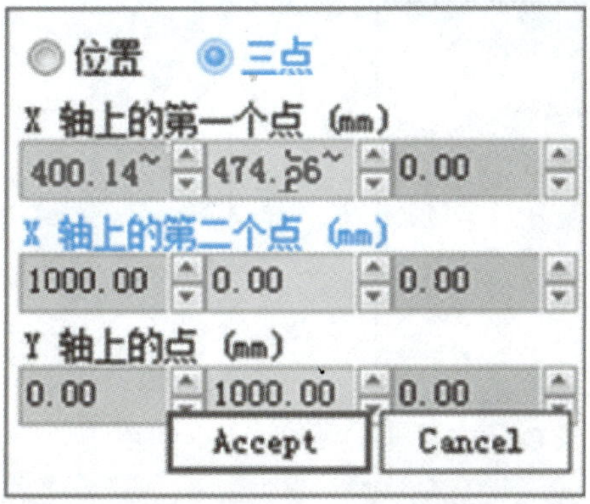 ○位置　⊙三点 X 轴上的第一个点（mm） 400.14~　474.56~　0.00 X 轴上的第二个点（mm） 1000.00　0.00　0.00 Y 轴上的点（mm） 0.00　1000.00　0.00 Accept　Cancel	坐标值自动显示在"X 轴上的第一个点（mm）"坐标框中 单击"X 轴上的第二个点（mm）"的第一个输入框
10	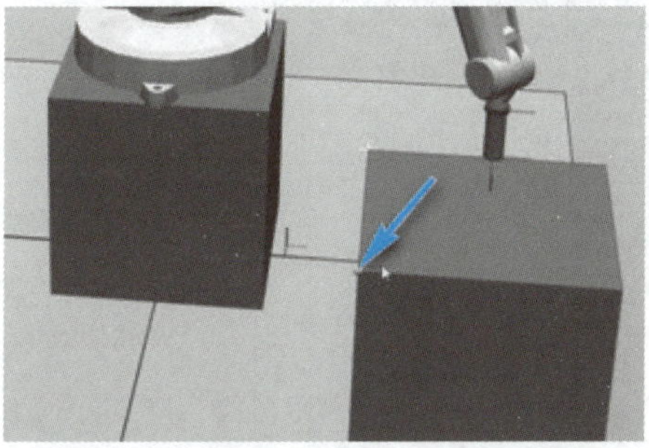	单击工作台 A 上的第二个角点，如左图中箭头所示，坐标值自动显示在"X 轴上的第二个点（mm）"坐标框中
11	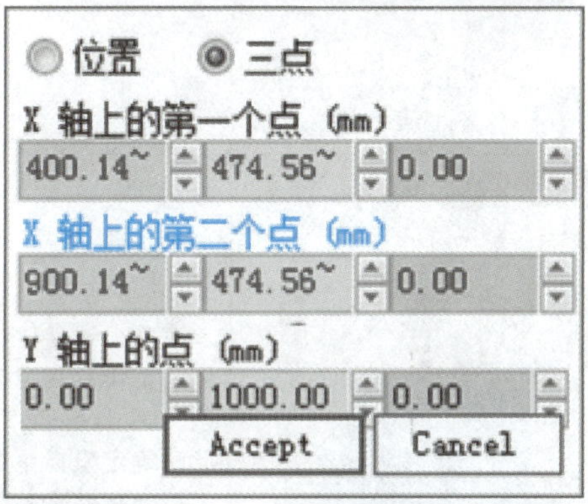 ○位置　⊙三点 X 轴上的第一个点（mm） 400.14~　474.56~　0.00 X 轴上的第二个点（mm） 900.14~　474.56~　0.00 Y 轴上的点（mm） 0.00　1000.00　0.00 Accept　Cancel	单击"Y 轴上的点（mm）"的第一个输入框
12	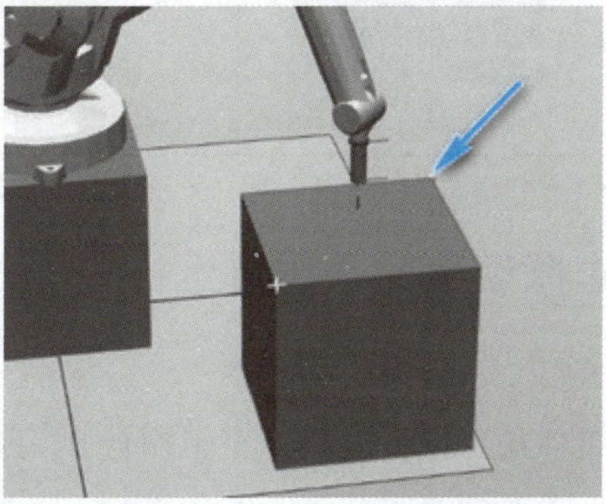	单击工作台 A 上的第三个角点，如左图中箭头所示，坐标值自动显示在"Y 轴上的点（mm）"坐标框中

（续）

步骤	图 示	操作说明
13	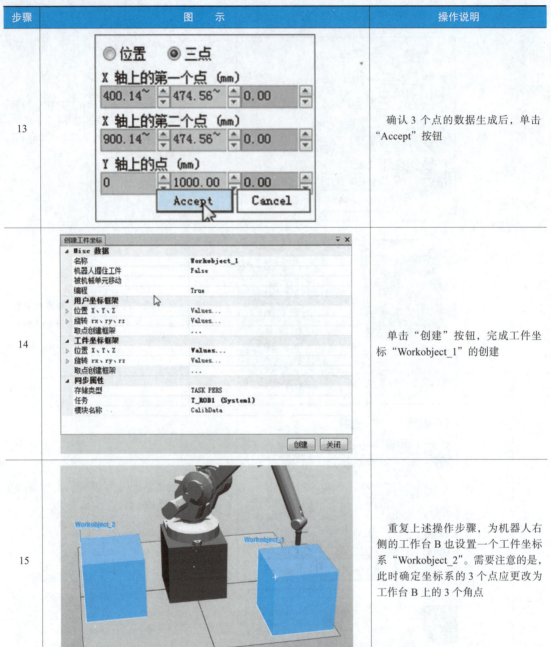	确认3个点的数据生成后，单击"Accept"按钮
14		单击"创建"按钮，完成工件坐标"Workobject_1"的创建
15		重复上述操作步骤，为机器人右侧的工作台B也设置一个工件坐标系"Workobject_2"。需要注意的是，此时确定坐标系的3个点应更改为工作台B上的3个角点

任务六　创建搬运程序及仿真运行

搬运_示教目标点

1. 示教目标点

本搬运工作站需要将工件从工作台A搬运至工作台B，因此，至少要示教以下 5 个目标点：机器人 home 点（pHome）、吸盘吸工件的位置（pXiQu）、吸盘吸工件抬起的位置（pXiTai）、工件放下的位置（pFangKai）以及放下工件吸盘抬起的位置（pFangTai），如图 3-3 所示。示教目标点的操作步骤见表 3-16。

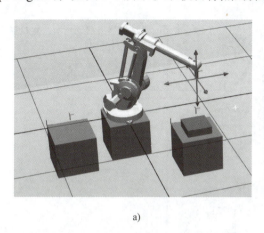

a)

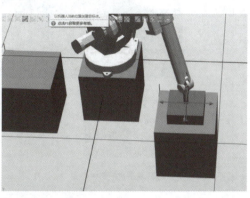

b)

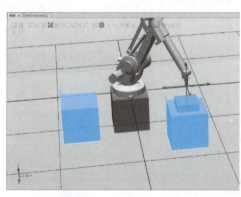

c)

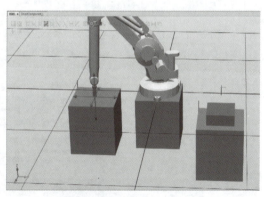

d)

e)

图 3-3　需要示教的目标点

a）机器人 Home 点　b）吸盘吸工件的位置　c）吸盘吸工件抬起的位置
d）工件放下的位置　e）放下工件吸盘抬起的位置

表 3-16 示教目标点的操作步骤

步骤	图 示	操作说明
1		通过机器人移动工具,将机械臂移动到工件的中心
2		选择"示教目标点"
3		选中刚才示教的目标点,单击鼠标右键,选择重命名,将该目标点重新命名为"pXiQu"
4		按照同样的方法,示教其他4个目标点,示教完后,如左图所示

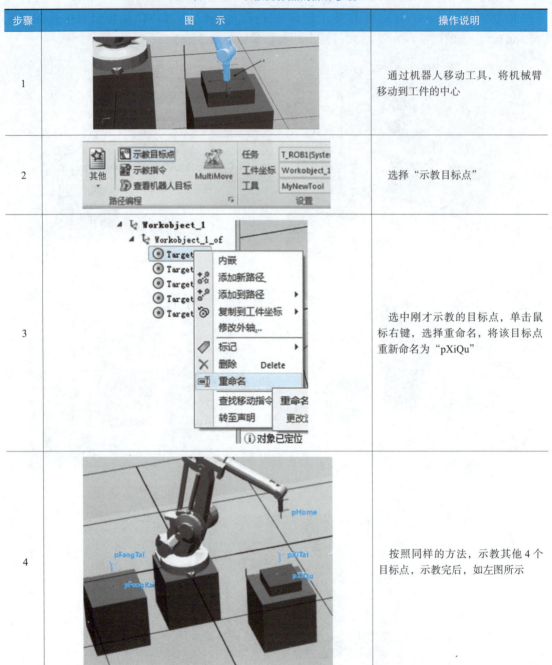

2. 创建搬运程序

上述设置都完成之后,就可以开始设置搬运动作的路径,创建搬运程序了。然后,就可以进行仿真运行及录制视频等操作了。创建搬运程序的方法见表 3-17。

搬运 _ 创建搬运程序

表 3-17　创建搬运程序

步骤	图　　示	操作说明
1	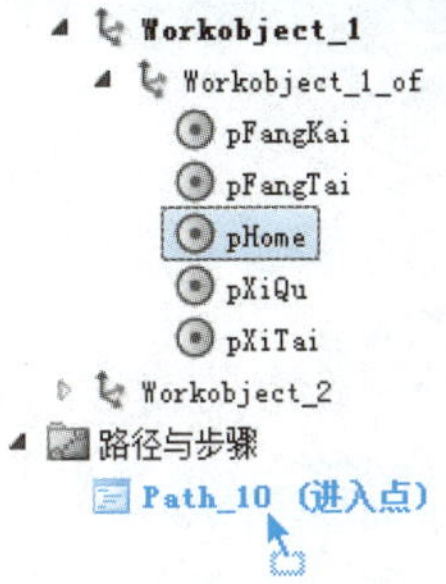	拖曳 pHome 点到路径"Path_10"中
2	 MoveL * v200 fine MyNewTool \WObj:=Workobject_1	界面右下角的指令已更改为如左图所示
3	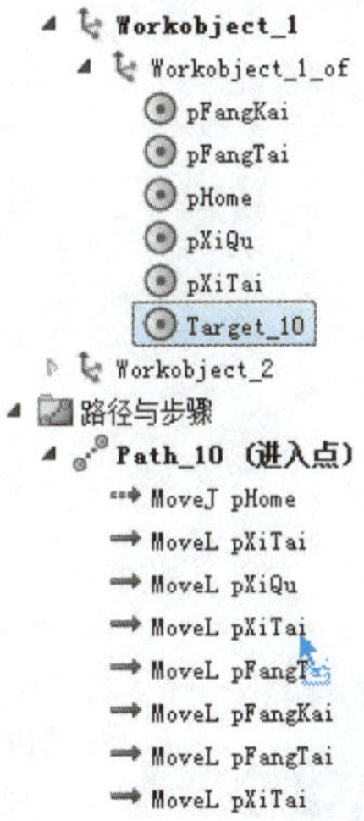	按照 pXiTai、pXiQu、pXiTai、pFangTai、pFangKai、pFangTai、pXiTai 的顺序，依次将目标点拖曳到路径"Path_10"中。但要注意的是，在拖曳 pFangTai 和 pFangKai 点时，需要在界面右下角将工件坐标系更改为 Workobject_2
4	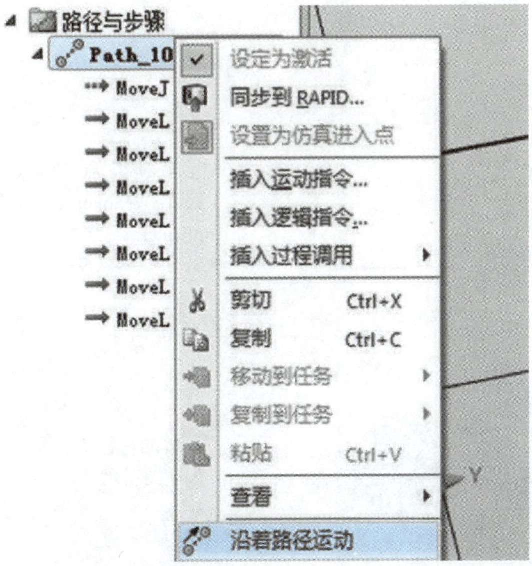	选择"Path_10"，单击鼠标右键，选择"沿着路径运动"，即可查看搬运运动轨迹

（续）

步骤	图示	操作说明
5	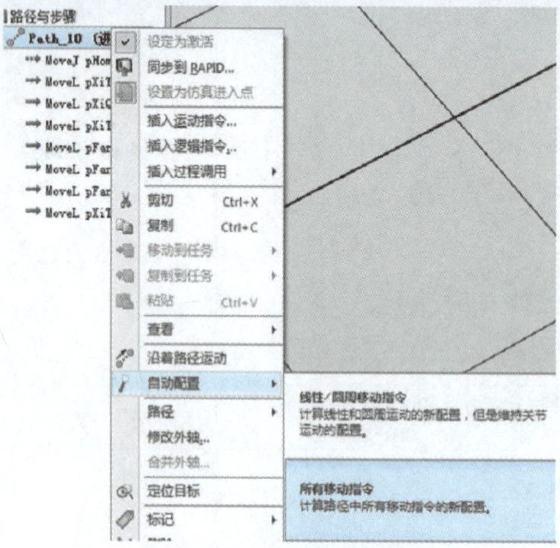	选择"Path_10"，单击鼠标右键，选择"自动配置"→"所有移动指令"，可优化路径
6		最终运动效果如左图所示
7		如果程序提示超出耦合范围，则可以手动增加一个过渡点 在左图吸盘所在位置重新示教一个目标点"Target_10"
8	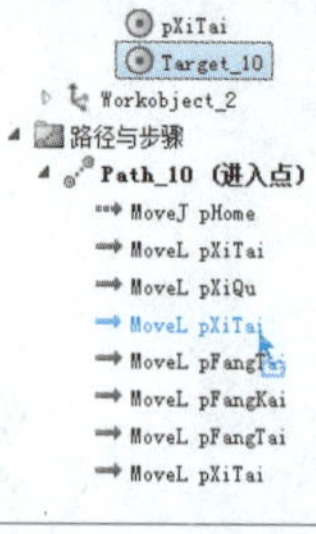	将过渡点"Target_10"拖曳到路径"MoveL pXiTai"和"MoveL pFangTai"之间
9		增加过渡点之后，搬运轨迹效果如左图所示

可以对搬运运动的速度及其他一些相关参数进行调整,调整搬运速度的操作方法见表 3-18。也可以根据程序实际情况,增加逻辑指令。插入逻辑指令的方法见表 3-19。

表 3-18　调整搬运速度

步骤	图　示	操作说明
1	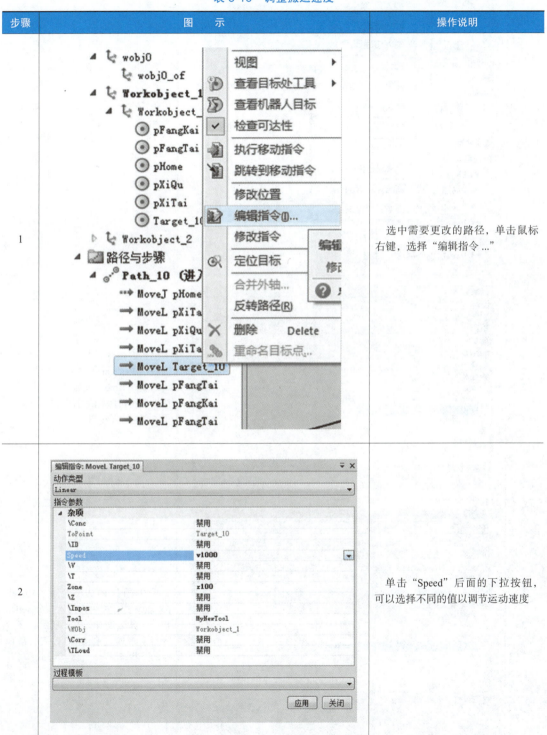	选中需要更改的路径,单击鼠标右键,选择"编辑指令…"
2		单击"Speed"后面的下拉按钮,可以选择不同的值以调节运动速度

— 69 —

表 3-19 插入逻辑指令

步骤	图　示	操作说明
1		在"MoveL pXiQu"指令之后插入一个延时指令：选中"MoveL pXiQu"，单击鼠标右键，选择"插入逻辑指令…"
2		单击"指令模板"的下拉按钮，选择"WaitTime"，"指令参数"项目中的"Time"设置为 3（表示等待吸盘建立真空的时间为 3s），然后单击"创建"按钮
3		采用同样的方法，在"MoveL pXiQu"指令之后再插入一个 SetDo 指令，参数设置如左图所示。该指令可实现通过输出 I/O 控制吸盘真空的开状态

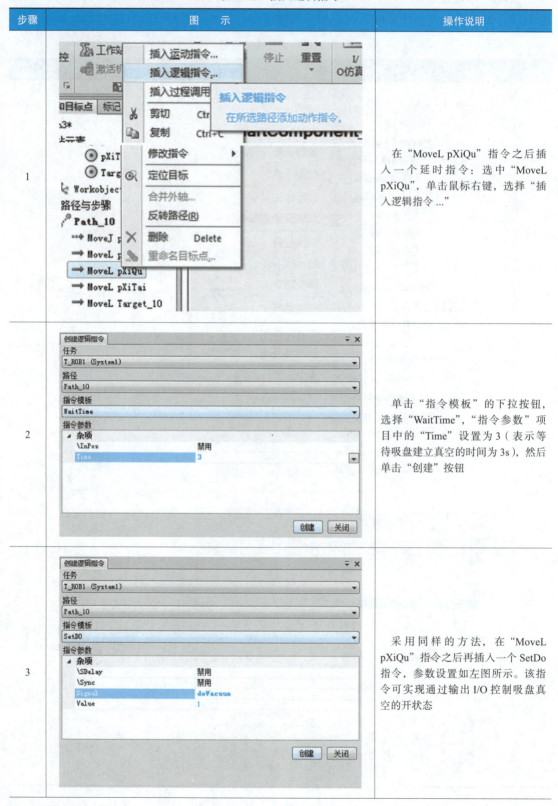

（续）

步骤	图　　示	操作说明
4		采用同样的方法，在"MoveL pFangKai"指令之后插入另一个延时指令，参数设置如左图所示
5		再在"MoveL pFangKai"指令之后插入另一个SetDo指令，参数设置如左图所示。该指令可实现通过输出I/O控制吸盘真空的关状态
6		最终的路径指令如左图所示

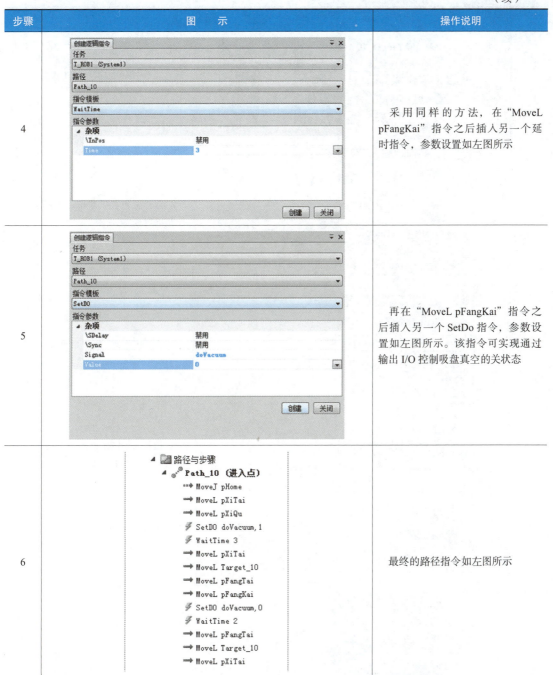

3. 仿真运行及录制视频

仿真运行及录制视频的操作方法可以参见项目二的任务五，不过，由于本搬运工作站加入了Smart组件，因此，在仿真运行之前需要建立工业机器人系统与Smart组件之间的关联，具体操作步骤见表3-20。

搬运＿仿真运行

表 3-20 仿真运行操作步骤

步骤	图 示	操作说明
1		选中"Path_10",单击鼠标右键,选择"同步到 RAPID…"
2		选择"仿真"菜单,单击"工作站逻辑"
3		在"工作站逻辑"中单击"设计"
4		单击 System1 框图中"I/O 信号"后的下拉按钮,选择"doVacuum"
5		按左图所示进行连线
6		在"仿真"菜单中单击"仿真设定"按钮,设置仿真参数,然后单击"播放"下拉按钮,选择"播放"选项,即可看到搬运运动轨迹的模拟效果

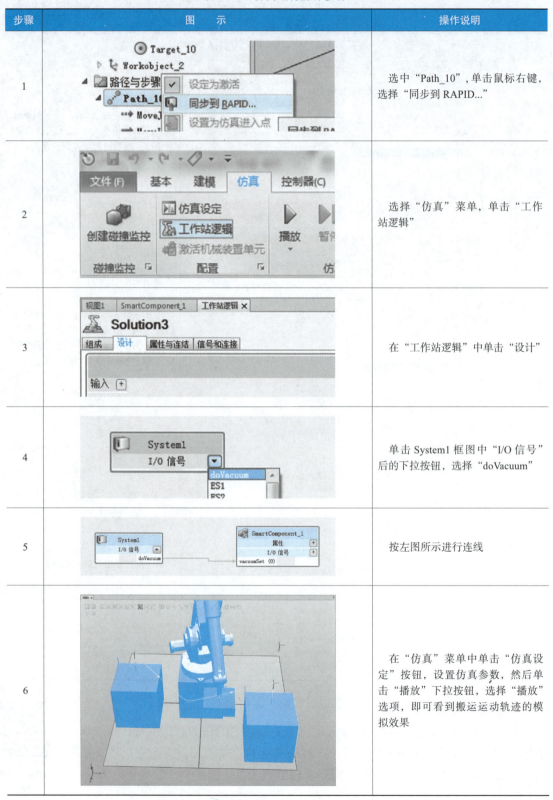

思考与练习

1. 填空题

（1）给工作站加载防护栏Fence740的操作步骤为：在"_____"菜单中，单击"导入模型库"，选择"_____"，单击"Fence740"。

（2）在RobotStudio软件中，ABB虚拟I/O板是下挂在虚拟总线Virtual1下面的，每一块虚拟I/O板可以配置_____个数字输入和_____个数字输出。

（3）配置I/O板是单击"控制器"菜单，双击"_____"，单击"参数配置编辑器..."，然后对各参数进行配置。

（4）在"_____"菜单中单击"smart组件"，就创建了一个新的Smart组件。

（5）在生成的路径轨迹中，可以通过选中某指令，单击鼠标右键，选择"_____"，来对该指令进行编辑。

2. 选择题

（1）在RobotStudio中创建一个新的矩形体基座，是在（　　）菜单中单击"固体"，然后单击"矩形体"来进行操作的。

　A. 基本　　　　　B. 文件　　　　　C. 仿真　　　　　D. 建模

（2）在系统中配置虚拟I/O板需要设定的4项参数为（　　）

①Name；②DeviceNet Address；③Type of Signal；④Type of Unit；⑤Connected to Bus

　A. ①②③④　　　B. ②③④⑤　　　C. ①③④⑤　　　D. ①②④⑤

（3）在系统中配置I/O信号需要设定的4项参数为（　　）

①Name；②DeviceNet Address；③Type of Signal；④Device Mapping；⑤Assigned to Device

　A. ①②③④　　　B. ②③④⑤　　　C. ①③④⑤　　　D. ①②④⑤

3. 判断题

（1）在创建了一个新的工具后，还需要在"建模"菜单中单击"框架"，选择"创建框架"，进行工具坐标系的创建。（　　）

（2）可以通过设置，从不同的视角查看工业机器人的工作区域。（　　）

（3）要想前面创建的吸盘工具能够实现动态搬运操作，还需要将吸盘工具修改为"smart组件"。（　　）

（4）在生成的路径轨迹中，可以插入逻辑指令。（　　）

（5）如果工作站加入了Smart组件，则在仿真运行之前需要建立工业机器人系统与Smart组件之间的关联。（　　）

自我学习检测评分表

任务	目标要求	分值	评分细则	得分	备注
构建搬运工业机器人工作站	1. 进一步熟悉工业机器人工作站的布局方法 2. 学会用户自定义工具的创建方法	10	1. 理解与掌握 2. 操作流程		
构建搬运工业机器人系统	1. 进一步熟悉构建工业机器人系统的操作方法 2. 掌握构建搬运工业机器人系统的操作方法	10	1. 理解与掌握 2. 操作流程		
配置系统输入/输出	1. 理解 ABB 虚拟 I/O 板的概念及所需配置参数 2. 理解搬运工业机器人工作站输入/输出信号的设置 3. 掌握配置 I/O 板的操作方法 4. 掌握配置 I/O 信号的操作方法	20	1. 理解与掌握 2. 操作流程		
创建动态吸盘工具	掌握 Smart 组件的创建及设置的操作方法	20	1. 理解与掌握 2. 操作流程		
创建工件坐标系	1. 进一步熟悉创建工件坐标系的操作方法 2. 掌握创建搬运工业机器人工作站工件坐标系的操作方法	10	1. 理解与掌握 2. 操作流程		
创建搬运程序及仿真运行	1. 学会程序数据创建 2. 学会目标点示教 3. 学会创建搬运程序的方法 4. 进一步熟悉仿真、录制视频、制作可执行文件的操作	20	1. 理解与掌握 2. 操作流程		
安全操作	符合上机实训操作要求	10			

项目四　工业机器人典型应用——码垛

➤ 项目描述

本工作站利用 ABB IRB 2600 工业机器人实现将传送链上的物料搬运至工作台上，并进行码垛放置，共有四层，每层放置物料的布局是 2 列 3 行，如图 4-1 所示。为实现整个码垛工作站的搬运过程，需要完成以下几项工作。

1）构建码垛工作站。
2）构建码垛工业机器人系统。
3）I/O 配置。
4）动态组件创建。
5）目标点示教。
6）创建码垛程序及仿真运行。

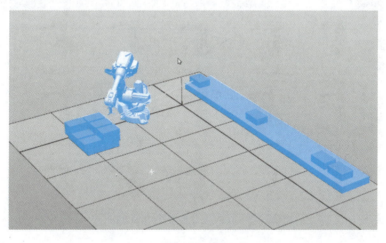

图 4-1　工业机器人码垛工作站示例

➤ 学习目标

1）进一步熟悉工业机器人工作站的布局方法。
2）进一步熟悉用户自定义工具的创建。
3）进一步掌握 Smart 组件的应用。
4）学会码垛常用 I/O 配置。
5）学会码垛工作站的程序数据创建。
6）进一步熟悉目标点示教。
7）学会创建码垛程序的方法。

任务一　构建码垛工作站及工业机器人系统

与项目三构建搬运工业机器人工作站的方法类似，码垛工业机器人工作站的构建主要包含新建工作站、导入工业机器人、加载工业机器人工具、装载工作台与工件、加载防护栏、构建码垛工业机器人系统六步。因此，有些与搬运工作站相同的操作不再赘述，请参考项目三中的相关内容。

码垛_新建工作站与导入工业机器人

1. 新建工作站

详细步骤请参见项目三的"表3-1 新建工作站的步骤"。

2. 导入工业机器人

详细步骤请参见项目三的"表3-2 导入工业机器人的步骤"，只是该码垛工作站采用的工业机器人需要更改为IRB2600，即对表3-2的步骤3，应在"ABB模型库"中选择"IRB2600"，如图4-2所示。

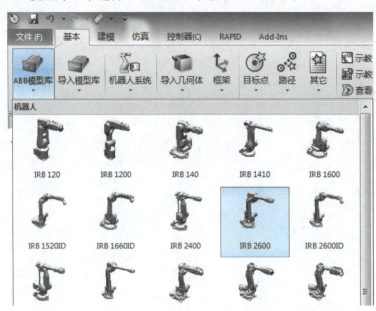

图4-2　导入工业机器人IRB2600

3. 加载工业机器人工具

本工作站采用与项目三搬运工作站一样的吸盘工具，因此，其操作步骤和项目三加载工业机器人工具的操作步骤完全一样，详情请参见项目三的"表3-3 创建吸盘工具模型的步骤"和"表3-4 加载工业机器人工具的步骤"。

码垛_加载工业机器人工具

4. 装载工作台与工件

本工作站使用一个长500mm、宽500mm、高100mm的矩形块来模拟实际托盘，工件选用一个长200mm、宽100mm、高200mm的红色矩形块来模拟。另外，码垛工作站还需要一个传送链，为了简化操作，本工作站自建一个矩形块来模拟代替传送链。因此，装载托盘和传送链的步骤可以参考项目三的"表3-5 装载工作台的操作步骤"，只是表3-5中步骤3"建立工作台B"的操

码垛_装载托盘传送链及工件

工业机器人典型应用——码垛 项目四

作需要更改为"建立矩形块传送链",传送链的尺寸设置为:长 4000mm、宽 500mm、高 100mm。装载工件的步骤参见项目三"表 3-6 装载工件的步骤"。装载完托盘、传送链和工件后的工作站如图 4-3 所示。

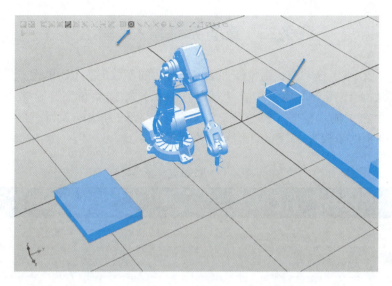

图 4-3 装载完托盘、传送链和工件后的工作站

5. 加载防护栏

构建本工作站需要用到的防护栏为:1 个 Fence740、3 个 Fence2500 和 1 个 Fence Gate。加载防护栏的操作步骤参考项目三的"表 3-7 加载防护栏的操作步骤"。加载防护栏后的码垛工作站如图 4-4 所示。

码垛 _ 加载防护栏

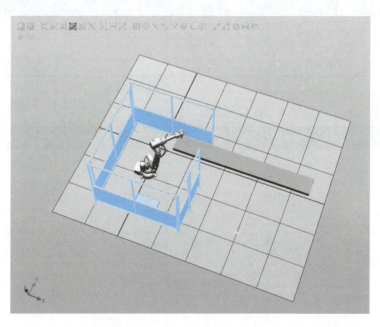

图 4-4 加载防护栏后的码垛工作站

6. 构建码垛工业机器人系统

构建码垛工业机器人系统的步骤参见项目三的"表 3-8 构建搬运工业机器人系统的步骤"。

码垛_构建码垛工业机器人系统

任务二 配置系统输入/输出

在本工作站中,需要按照表 4-1 所示的参数配置 I/O 单元。配置好虚拟 I/O 板后,还需要配置 I/O 信号。本码垛工作站需要配置 1 个数字输出信号和 1 个数字输入信号(见表 4-2)。配置 I/O 板的方法同项目三的"表 3-12 配置 I/O 板的步骤",配置 I/O 信号的步骤见表 4-3。

码垛_配置系统输入输出

表 4-1 I/O 单元参数

参数名称	设 定 值
Name	d652
Type of Unit	DSQC 652 24 VDC I/O Device
Connected to Bus	DeviceNet
DeviceNet Address	10

表 4-2 I/O 信号参数配置

Name	Type of Signal	Assigned to Device	Device Mapping	I/O 信号注解
DoVacuum	Digitial Output	d652	0	控制吸盘打开真空
sensorOK	Digitial Input	d652	1	物料传感器到位输入信号

表 4-3 配置 I/O 信号的步骤

步骤	图 示	操作说明
1		在左图所示界面,单击"Signal",选中某一信号,右键单击,选择"新建 Signal..."

（续）

步骤	图　　示	操作说明
2		按照左图更改信号参数 Name 改为 doVacuum Type of Signal 改为 Digital Output Assigned to Device 改为 d652 Device Mapping 改为 0 之后单击"确定"按钮
3		在弹出的 ABB RobotStudio 对话框中单击"确定"按钮
4		用同样的方法，新建 1 个数字输入信号，参数设置如下 Name 改为 sensorOK Type of Signal 改为 Digital Input Assigned to Device 改为 d652 Device Mapping 改为 1 之后单击"确定"按钮

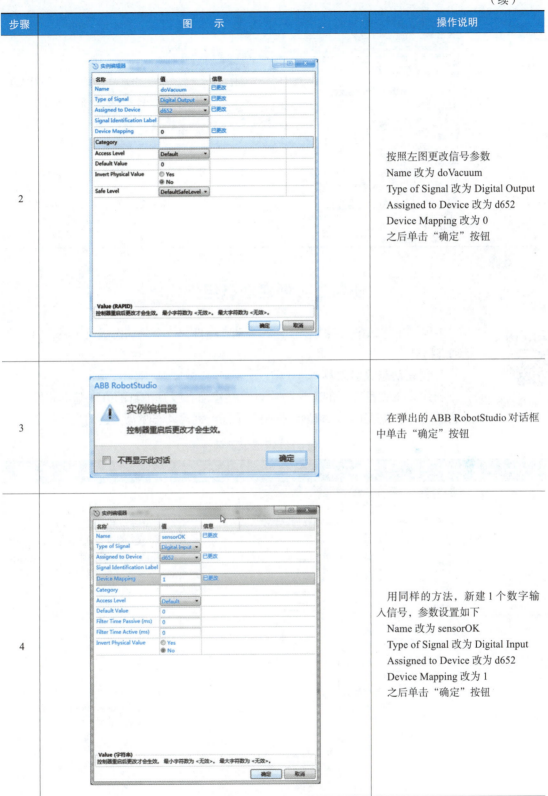

（续）

步骤	图示	操作说明
5	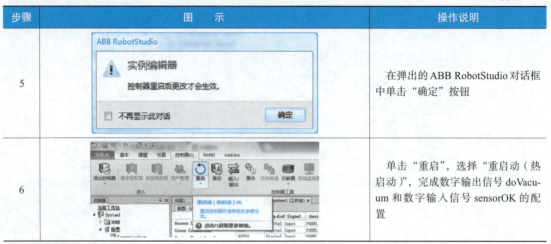	在弹出的 ABB RobotStudio 对话框中单击"确定"按钮
6		单击"重启",选择"重启动（热启动）",完成数字输出信号 doVacuum 和数字输入信号 sensorOK 的配置

任务三 创建动态组件

码垛_创建动态吸盘工具

本码垛工作站中,共需要创建两个动态组件,一个是动态吸盘工具,另一个是动态物料。

1. 创建动态吸盘工具

创建动态吸盘工具的方法与项目三创建动态吸盘工具的方法基本相同,只是这里的动态吸盘工具加载的组件略有不同。创建动态吸盘工具的步骤见表4-4。

表 4-4 创建动态吸盘工具的步骤

步骤	图示	操作说明
1~5		同项目三表3-14 的1~5步。将工具 MyNewTool 添加到 Smart 组件 SmartComponent_1 中,成为 SmartComponent_1 的子对象组件
6		单击"添加组件",单击"传感器",选择"LineSensor",添加线性传感器组件

（续）

步骤	图示	操作说明
7		用同样的方法，添加 Attacher 组件
8		添加 Detacher 组件
9		添加 LogicGate 组件
10		最终完成左图中所示组件的添加

（续）

步骤	图示	操作说明
11~25		参考项目三中表3-14的步骤17~31，设置各组件的属性
26		按照图中所示连线方式将各个组件连接起来

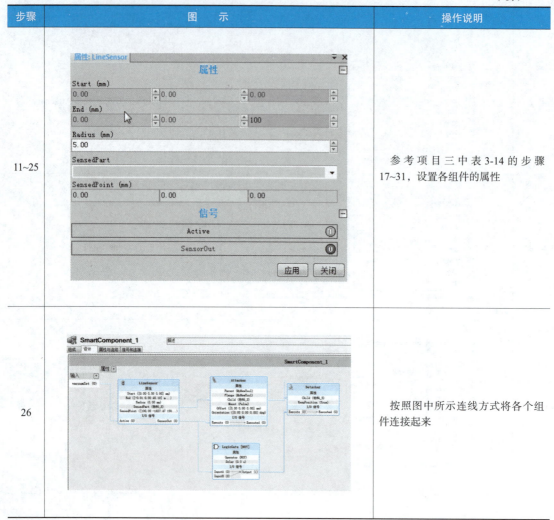

码垛_创建动态物料

2. 创建动态物料

通过创建动态物料，使物料能在传送带上移动，并模拟触碰到位开关。创建动态物料的方法与创建动态吸盘的方法类似，具体操作步骤见表4-5。

表4-5　创建动态物料的操作步骤

步骤	图示	操作说明
1		选择"建模"菜单，单击"Smart组件"

（续）

步骤	图 示	操作说明
2		选中刚新建的Smart组件"Smart-Component_2"，右键单击，选择"重命名"，将其更名为"物料"
3		右键单击"物料"，选择"编辑组件"
4		参考创建动态吸盘的方法，依次添加下列组件 PlaneSensor、Source、LinearMover、LogicGate_2[NOT]、Queue、Timer、SimulationEvents

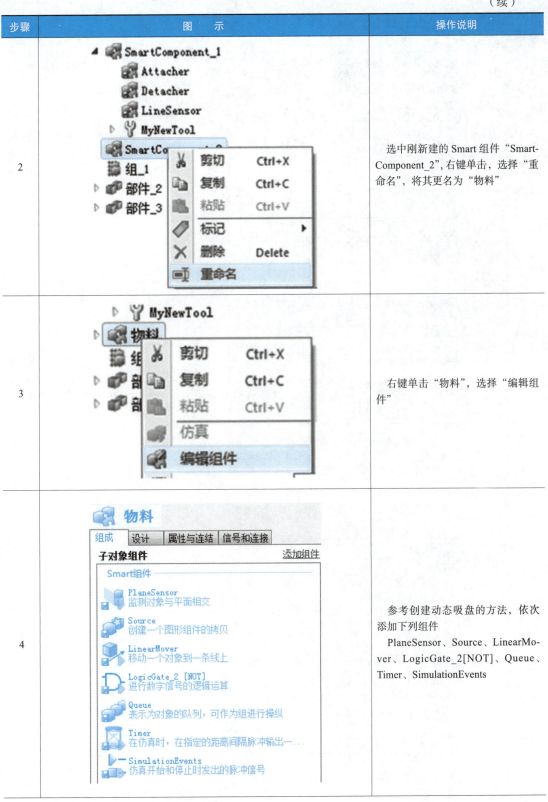

— 83 —

（续）

步骤	图 示	操作说明
5	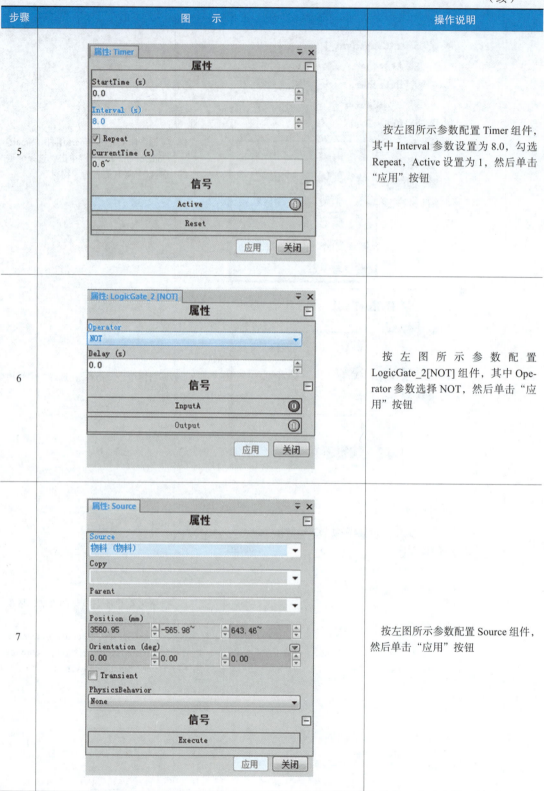	按左图所示参数配置 Timer 组件，其中 Interval 参数设置为 8.0，勾选 Repeat，Active 设置为 1，然后单击"应用"按钮
6		按左图所示参数配置 LogicGate_2[NOT] 组件，其中 Operator 参数选择 NOT，然后单击"应用"按钮
7		按左图所示参数配置 Source 组件，然后单击"应用"按钮

（续）

步骤	图示	操作说明
8		按左图所示参数配置 LinearMover 组件，该组件表示在线性路径下移动某物体 Object：指需要线性移动的物体，本工作站选择"Queue（物料）" Direction：物体移动的方向 Speed：物体移动的速度
9		单击"PlaneSensor"组件，在界面右边出现的属性输入框中，单击第一个输入框，然后在视图1界面将PlaneSensor放到传送带终点位置
10		发现 PlaneSensor 组件的属性参数自动变为如左图所示，单击"关闭"按钮

（续）

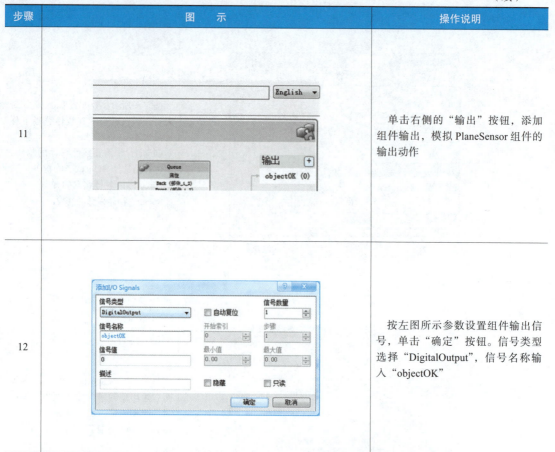

步骤	图示	操作说明
11		单击右侧的"输出"按钮，添加组件输出，模拟PlaneSensor组件的输出动作
12		按左图所示参数设置组件输出信号，单击"确定"按钮。信号类型选择"DigitalOutput"，信号名称输入"objectOK"

各组件设置完成后，要按照图4-5所示将各组件进行连接，连接说明如下。

1）当物料被运送到传送带的终点时，PlaneSensor组件输出信号1，该信号作为Queue组件Dequeue端口的输入，触发Queue组件将碰到PlaneSensor传感器的物料移除Queue物料队列，此时物料将不再向前移动。

2）当物料还没有被运送到传送带终点时，PlaneSensor组件输出信号0，该信号经过LogicGate_2组件的"取反"操作后变为1，该信号一方面作为LinearMover组件的输入信号，使能LinearMover组件，使传送带上的物料进行线性运动；另一方面，该信号使能Timer组件，重复产生间隔为8s的脉冲信号。该定时脉冲信号控制Source组件，每隔8s产生一个新的物料，并输出信号1，使能Queue组件的Enqueue端口，让新生成的物料加入到传送带上的物料队列Queue中。另外，将SimulationEvents组件的输出信号也连接至Queue组件的Enqueue端口，这样，在仿真一开始就会产生一个新的物料，加入到传送带上的物料队列Queue中。

动态物料创建完成以后，可以选择"仿真"菜单，单击"播放"按钮，就可以看到物料有序地沿传送带移动，如图4-6所示。物料到达终点后会停止运行，等待抓取。单击"停止"按钮，即可停止仿真；单击"重置"按钮，可以将仿真恢复到初始时的状态。

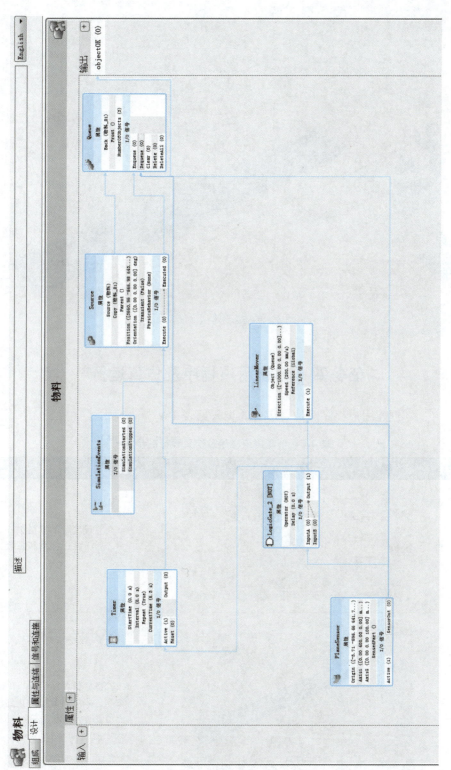

图 4-5 动态物料组件连接示意图

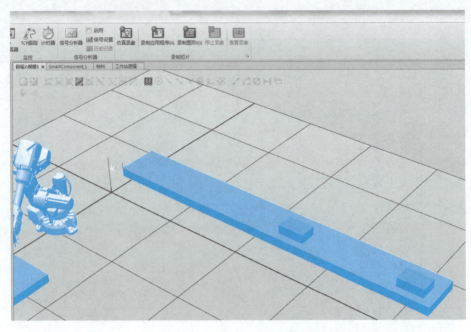

图 4-6 动态物料运行仿真

任务四 创建用户程序及仿真运行

码垛_创建用户程序及仿真运行

创建用户程序及仿真运行的步骤见表 4-6。

表 4-6 创建用户程序及仿真运行的步骤

步骤	图 示	操作说明
1		在"设置"工具栏中,如左图所示,对工件坐标系和系统工具进行更改
2		选择"仿真"菜单,单击"播放"按钮,当物料最终停止到传送带终点位置时,单击"停止"按钮

（续）

步骤	图　示	操作说明
3		选择"中心捕获"，之后单击物料中心点（左图箭头所指位置）
4		单击"目标点"，选择"创建目标"
5		在窗口右侧的"创建目标"选项卡中显示创建目标点的相关信息，单击"创建"按钮

（续）

步骤	图　　示	操作说明
6		再次选择托盘的角点作为关键点
7		单击"创建"按钮
8		右键单击"路径与步骤"，选择"创建路径"
9		将两个目标点依次拖曳到路径"Path_10"中

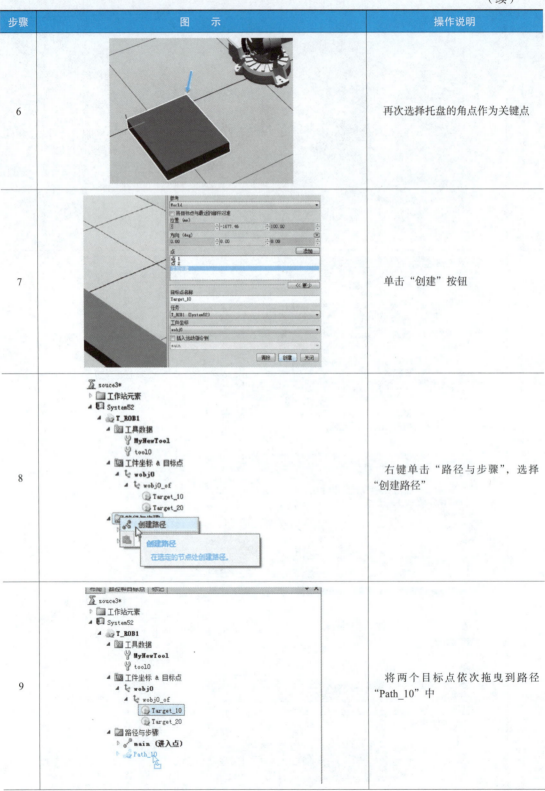

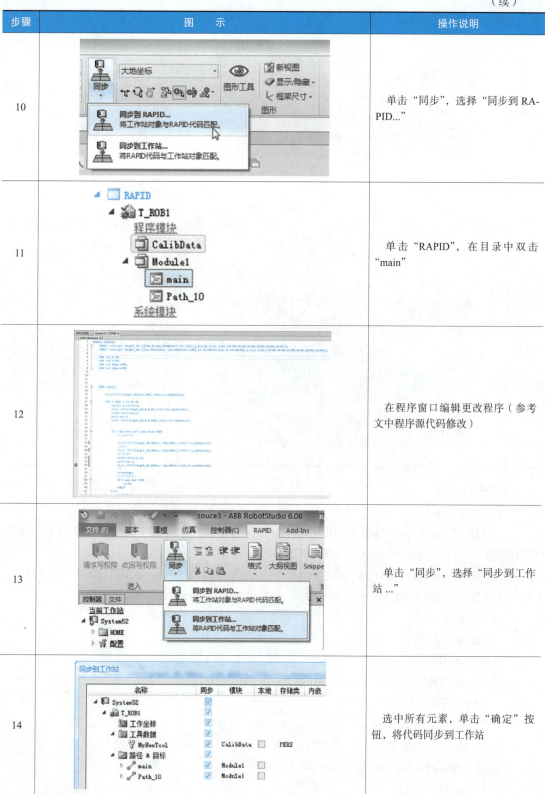

（续）

步骤	图示	操作说明
15		在"仿真"菜单中，单击"工作站逻辑"
16		单击"设计"，按左图所示进行连线
17		在"仿真"菜单中单击"仿真设定"按钮，设置仿真参数，然后单击"播放"下拉按钮，选择"播放"选项，即可看到码垛工作站工作的模拟效果

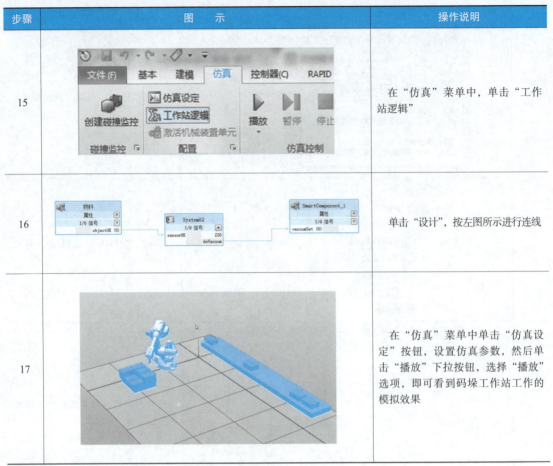

程序源码如下。

```
MODULE Module1
    CONST robtarget Target_10:=[[698.26,816.958085237,772.722],[1,0,0,0],[0,0,-2,0],[9E+09,9E+09,9E+09,9E+09,9E+09,9E+09]];
    CONST robtarget Target_20:=[[10.595612923,-714.839914763,100],[0.707106781,0,0,-0.707106781],[-1,0,-2,0],[9E+09,9E+09,9E+09,9E+09,9E+09,9E+09]];
    VAR num x:=0;
    VAR num z:=0;
    PROC main()
        MoveJ Offs(Target_10,0,0,300),v500,fine,MyNewTool;
        FOR i FROM 1 TO 24 DO
            WaitDI sensorOK,1;
            MoveL Offs(Target_10,0,0,0),v500,fine,MyNewTool;
            SetDO doVacuum,1;
            WaitTime 2;
```

```
        MoveL Offs(Target_10,0,0,300),v500,fine,MyNewTool;
        IF i mod 6<4 and i mod 6<>0 THEN
MoveJ Offs(Target_20,100+x,−130,300+z),V500,fine,MyNewTool;
MoveL Offs(Target_20,100+x,−130,100+z),V500,fine,MyNewTool;
SetDO doVacuum,0;
WaitTime 1;
MoveL Offs(Target_20,100+x,−130,300+z),V500,fine,MyNewTool;
x:=x+xGap;
            IF i mod 6=3 THEN
            x:=0;
            ENDIF
        ELSE
MoveJ Offs(Target_20,100+x,−450,300+z),V500,fine,MyNewTool;
MoveL Offs(Target_20,100+x,−450,100+z),V500,fine,MyNewTool;
SetDO doVacuum,0;
WaitTime 1;
MoveL Offs(Target_20,100+x,−450,300+z),V500,fine,MyNewTool;
x:=x+xGap;
            IF i MOD 6=0 THEN
            x:=0;
            z:=z+100;
            ENDIF
        ENDIF
MoveJ Offs(Target_10,0,0,300),v500,fine,MyNewTool;
    ENDFOR
  ENDPROC
  PROC Path_10()
    MoveL Target_10,v1000,z100,MyNewTool\WObj:=wobj0;
    MoveL Target_20,v1000,z100,MyNewTool\WObj:=wobj0;
  ENDPROC
ENDMODULE
```

思考与练习

1. 分析码垛工业机器人工作站需要设置哪些 I/O 信号，并在 RobotStudio 软件中对这些 I/O 信号进行配置。

2. 理解 Smart 组件的功能，并创建一个动态吸盘和一个动态物料。

3. 编写本项目工业机器人码垛的程序。

自我学习检测评分表

任务	目标要求	分值	评分细则	得分	备注
构建码垛工作站及工业机器人系统	1. 进一步熟悉工业机器人工作站的布局方法 2. 进一步熟悉自定义工具的创建方法 3. 进一步熟悉构建工业机器人系统的操作方法	10	1. 理解与掌握 2. 操作流程		
配置系统输入/输出	1. 理解码垛工业机器人工作站输入/输出信号的设置 2. 进一步熟悉配置I/O板的操作方法 3. 进一步熟悉配置I/O信号的操作方法	20	1. 理解与掌握 2. 操作流程		
创建动态组件	1. 进一步熟悉Smart组件的创建及设置的操作方法 2. 掌握码垛工作站动态物料、动态吸盘的创建方法	20	1. 理解与掌握 2. 操作流程		
创建用户程序及仿真运行	1. 进一步熟悉创建用户程序的操作步骤 2. 进一步熟悉仿真运行、录制视频、制作可执行文件的操作方法 3. 掌握码垛工作站程序的编写	40	1. 理解与掌握 2. 操作流程		
安全操作	符合上机实训操作要求	10			

项目五　工业机器人典型应用——焊接

> **项目描述**

本工作站利用 ABB IRB 2600 工业机器人实现对矩形工件的焊接操作，如图 5-1 所示。要求焊枪沿着矩形块四周摆动焊接，工作台一侧的矩形块焊接完成以后，工作台旋转 180°，焊接工作台另一侧的工件旋转到焊枪工作区域开始焊接。

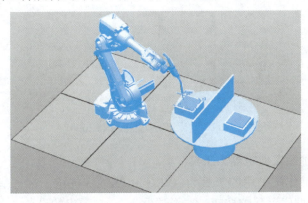

图 5-1　工业机器人焊接工作站示例

> **学习目标**

1）进一步熟悉工业机器人工作站的布局方法。
2）进一步熟悉用户自定义工具的创建。
3）进一步掌握 Smart 组件的应用。
4）学会焊接常用 I/O 配置。
5）学会焊接参数的配置。
6）进一步熟悉目标点示教。
7）学会创建焊接程序的方法。

任务一　构建焊接工作站及工业机器人系统

与项目三构建搬运工业机器人工作站的方法类似，焊接工业机器人工作站的构建主要包含新建工作站、导入工业机器人、加载工业机器人工具、装载焊接工作台、构建焊接工业机器人系统五步。因此，有些与搬运工作站相同的操作不再赘述。

1. 新建工作站

详细步骤请参见项目三的"表 3-1 新建工作站的步骤"。

焊接_新建工作站+
导入工业机器人

2. 导入工业机器人

详细步骤请参见项目三的"表3-2 导入工业机器人的步骤",该焊接工作站采用的工业机器人为 IRB2600,因此表 3-2 的步骤 3,应在"ABB 模型库"中选择"IRB2600",如图 5-2 所示。

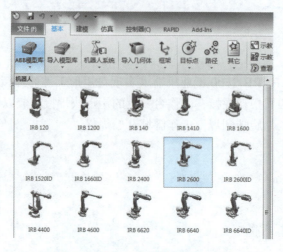

图 5-2　导入工业机器人 IRB2600

焊接_加载工业机器人工具

3. 加载工业机器人工具

本工作站采用的工具为 AW Gun PSF 25 焊枪,在"基本"菜单中,单击"导入模型库"下拉按钮,选择"设备",在弹出的设备"工具"列表中就可以找到"AW Gun PSF 25",如图 5-3 所示。加载 AW Gun PSF 25 焊枪工具的操作步骤和项目三加载工业机器人工具的操作步骤完全一样,详情请参见项目三的"表 3-4 加载工业机器人工具的步骤"。加载完 AW Gun PSF 25 焊枪以后的工业机器人如图 5-4 所示。

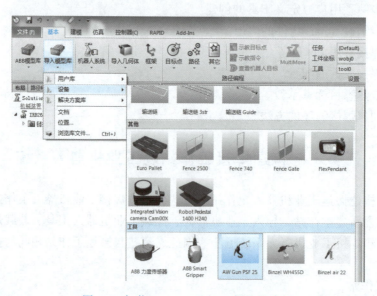

图 5-3　加载 AW Gun PSF 25 焊枪的路径

4. 装载焊接工作台

本工作站需要加载一个焊接工作台 SLDPRT，如图 5-5 所示，该工作台上放置有大、小两个矩形方块，本工作站就是模拟沿着矩形路径将较小的矩形方块焊接到较大的矩形方块上。装载焊接工作台的步骤见表 5-1。

焊接_装载焊接工作台

图 5-4　加载完 AW Gun PSF 25 焊枪的工业机器人

图 5-5　焊接工作台 SLDPRT

5. 构建焊接工业机器人系统

构建焊接工业机器人系统的基本方法与前面的搬运、码垛工作站基本类似，但由于焊接需要设置一些焊接参数，因此构建焊接工业机器人系统在内容上略有不同。构建焊接工业机器人系统的操作方法见表 5-2。

焊接_构建焊接工业机器人系统

表 5-1　装载焊接工作台的步骤

步骤	图　　示	操作说明
1		在"建模"选项卡中，单击"导入几何体"下拉按钮，选择"浏览几何体…"
2		选择焊接工作台所存储的文件路径，打开工作台文件，将工作台加载到工作站

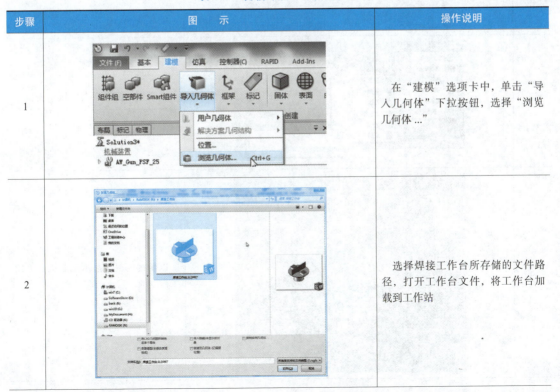

（续）

步骤	图示	操作说明
3		在"布局"窗口，选中工业机器人"IRB2600_12_165_C_01"，单击鼠标右键，在弹出的快捷菜单中选择"显示机器人工作区域"
4		按照左图所示进行选择，然后单击"关闭"按钮
5		在视图1窗口空白区域单击鼠标右键，选择"方向"→"俯视"
6		以俯视的视角显示工业机器人的工作范围

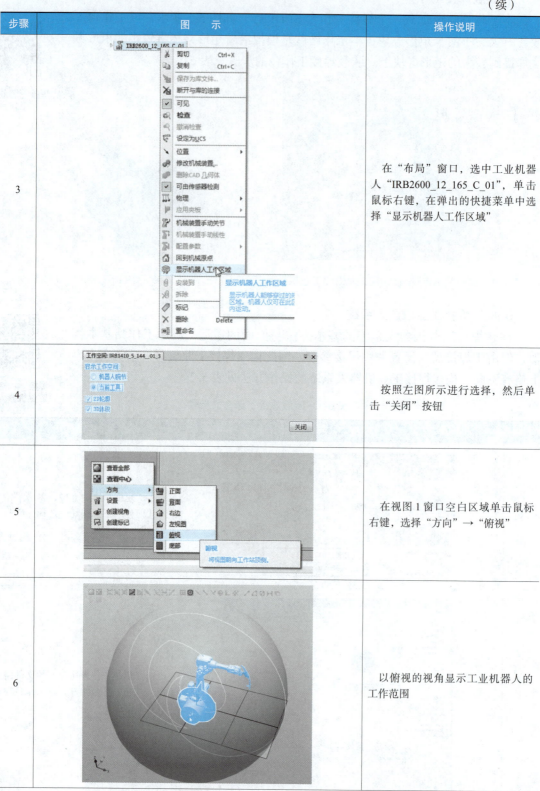

（续）

步骤	图　　示	操作说明
7	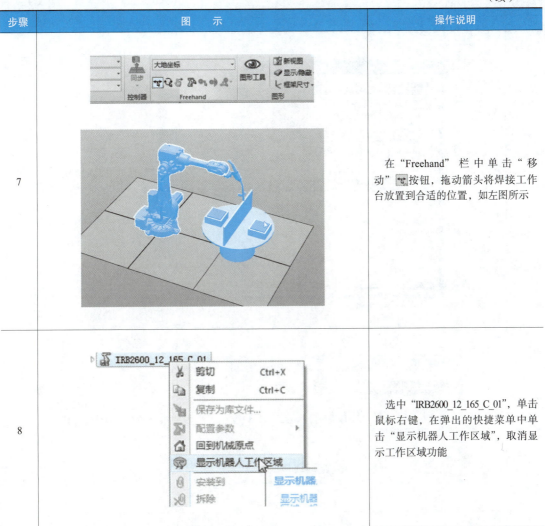	在"Freehand"栏中单击"移动" 按钮，拖动箭头将焊接工作台放置到合适的位置，如左图所示
8		选中"IRB2600_12_165_C_01"，单击鼠标右键，在弹出的快捷菜单中单击"显示机器人工作区域"，取消显示工作区域功能

表 5-2　构建工业机器人系统的步骤

步骤	图　　示	操作说明
1		在"基本"菜单中，单击"机器人系统"下拉按钮，选择"从布局..."

（续）

步骤	图　示	操作说明
2	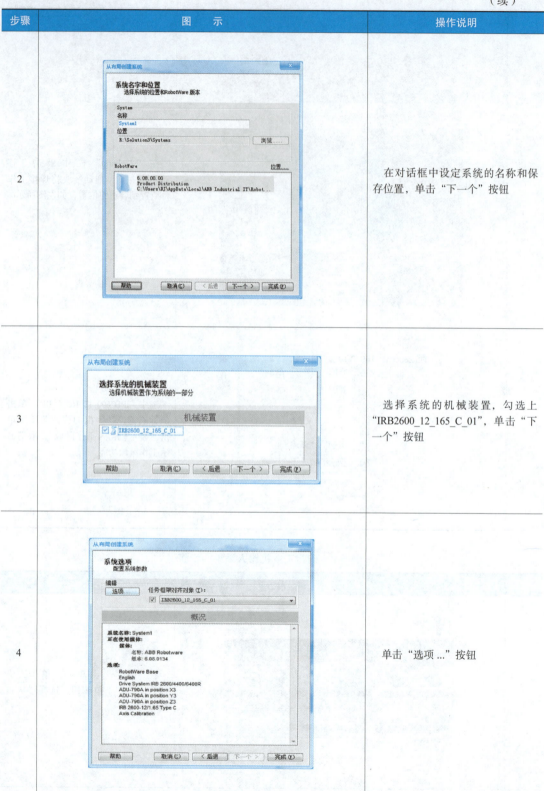	在对话框中设定系统的名称和保存位置，单击"下一个"按钮
3		选择系统的机械装置，勾选上"IRB2600_12_165_C_01"，单击"下一个"按钮
4		单击"选项…"按钮

（续）

步骤	图　示	操作说明
5		单击"Default Language"，勾选"Chinese"，将示教器语言更改为中文
6		单击"Industrial Networks"，勾选"709-1 DeviceNet Master/Slave"，单击"确定"按钮
7		在"类别"窗口中单击"Arc"，在"选项"窗口中勾选"Standard I/O Welder"
8		继续在"选项"窗口中勾选"633-4 Arc"，单击"确定"按钮
9		创建好焊接工业机器人系统，如左图所示，单击"完成"按钮

焊接_配置系统输入输出

任务二 配置系统输入/输出

前面的搬运、码垛工作站，只有数字 I/O 信号，采用的是 DSQC652 标准 I/O 板，而对于焊接工作而言，需要有模拟 I/O 信号，所以焊接工作站选用 DSQC651 作为它的标准 I/O 板。本任务中将按照表 5-3 所示的参数配置 I/O 单元，需要配置的 I/O 信号见表 5-4。配置 I/O 板的步骤见表 5-5，配置 I/O 信号的步骤见表 5-6，关联 I/O 信号的步骤见表 5-7。

表 5-3 I/O 单元参数

参数名称	设 定 值
Name	d651
Type of Unit	DSQC 651 Combi I/O Device
Connected to Bus	DeviceNet
DeviceNet Address	63

表 5-4 I/O 信号参数配置

Name	Type of Signal	Assigned to Device	Device Mapping	I/O 信号注解
doWeldOn	Digitial Output	d651	32	焊接开始
doGasOn	Digitial Output	d651	33	保护器开启
doFeed	Digitial Output	d651	34	送丝开启
doRotateRun	Digitial Output	d651	36	变位机运行
AoWeldingCurrent	Analog Output	d651	0-15	电流控制
doWeldVoltage	Analog Output	d651	16-31	电压控制

表 5-5 配置 I/O 板的步骤

步骤	图 示	操作说明
1		单击"控制器"菜单，双击"I/O System"，单击"参数配置编辑器…"
2		单击"DeviceNet Device"，在左图所示界面的空白区域，单击鼠标右键，选择"新建 DeviceNet Device…"

（续）

步骤	图示	操作说明
3		单击"使用来自模板的值"的下拉按钮，选择"DSQC 651 Combi I/O Device"
4		按照左图所示设置 I/O 板参数。Name 更改为"d651"，Address 更改为"63"，然后单击"确定"按钮
5		在弹出的 ABB RobotStudio 对话框中单击"确定"按钮

表 5-6　配置 I/O 信号的步骤

步骤	图示	操作说明
1		在左图所示界面，单击"Signal"，选中某一信号，右击，选择"新建 Signal…"

（续）

步骤	图示	操作说明
2	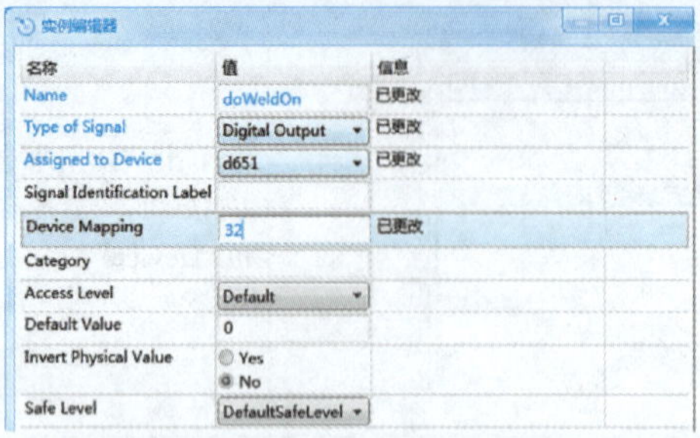	按照左图更改信号参数 Name 改为 "doWeldOn" Type of Signal 改为 Digital Output Assigned to Device 改为 d651 Device Mapping 改为 32 之后单击"确定"按钮
3	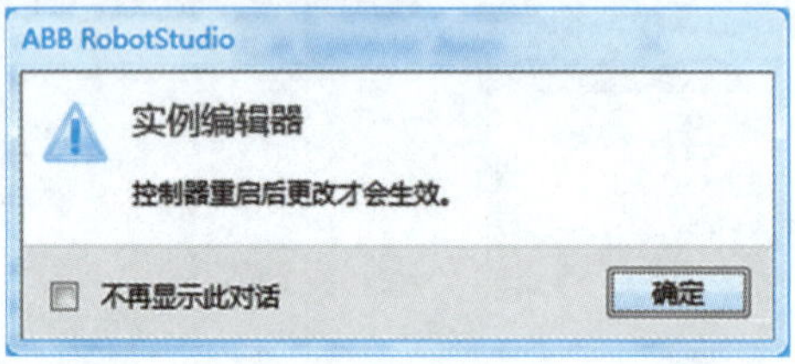	在弹出的 ABB RobotStudio 对话框中单击"确定"按钮
4		用同样的方法，新建一个信号，参数设置如下 Name 改为 doGasOn Type of Signal 改为 Digital Output Assigned to Device 改为 d651 Device Mapping 改为 33 之后单击"确定"按钮
5	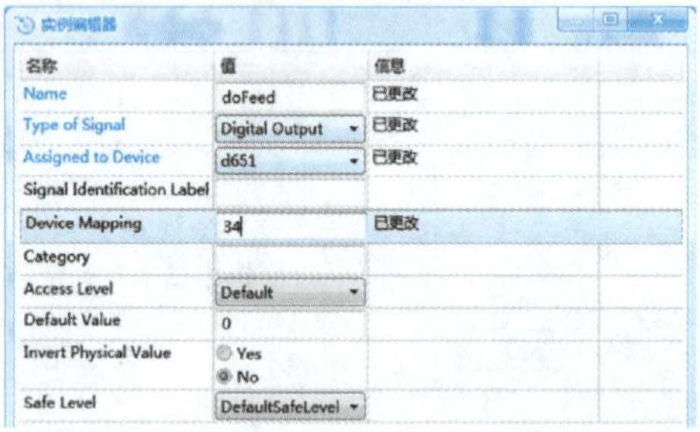	新建一个信号，参数设置如下 Name 改为 doFeed Type of Signal 改为 Digital Output Assigned to Device 改为 d651 Device Mapping 改为 34 之后单击"确定"按钮
6	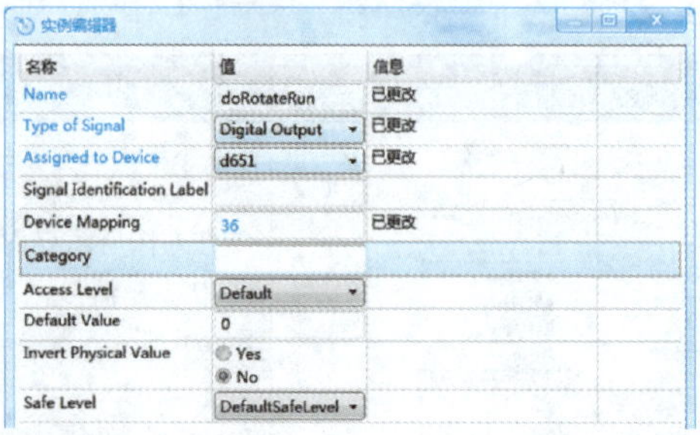	新建一个信号，参数设置如下 Name 改为 doRotateRun Type of Signal 改为 Digital Output Assigned to Device 改为 d651 Device Mapping 改为 36 之后单击"确定"按钮

（续）

步骤	图　示	操作说明
7		新建一个模拟输出信号，Name 改为 AoWeldingCurrent　Type of Signal 改为 Analog Output　Assigned to Device 改为 d651　Device Mapping 改为 0-15；其他参数按照左图所示更改，之后单击"确定"按钮
8		新建一个模拟输出信号，Name 改为 doWeldVoltage　Type of Signal 改为 Analog Output　Assigned to Device 改为 d651　Device Mapping 改为 16-31；其他参数按照左图所示更改，之后单击"确定"按钮
9		单击"重启"，选择"重启动（热启动）"，完成数字输出信号 doVacuum 和数字输入信号 sensorOK 的配置

表 5-7　关联 I/O 信号的步骤

步骤	图　　示	操作说明
1	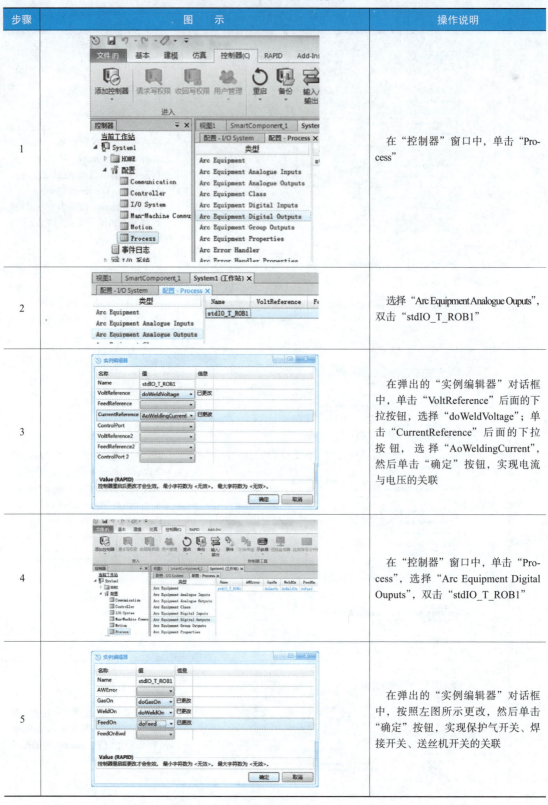	在"控制器"窗口中，单击"Process"
2		选择"Arc Equipment Analogue Ouputs"，双击"stdIO_T_ROB1"
3		在弹出的"实例编辑器"对话框中，单击"VoltReference"后面的下拉按钮，选择"doWeldVoltage"；单击"CurrentReference"后面的下拉按钮，选择"AoWeldingCurrent"，然后单击"确定"按钮，实现电流与电压的关联
4		在"控制器"窗口中，单击"Process"，选择"Arc Equipment Digital Ouputs"，双击"stdIO_T_ROB1"
5		在弹出的"实例编辑器"对话框中，按照左图所示更改，然后单击"确定"按钮，实现保护气开关、焊接开关、送丝机开关的关联

任务三 创建动态组件

本焊接工作站中,需要将焊接工作台创建为动态组件。创建动态焊接工作台的步骤见表 5-8。

焊接_
创建动态组件

表 5-8 创建动态焊接工作台的步骤

步骤	图 示	操作说明
1		在"建模"菜单中单击"Smart 组件"
2		可以看到"布局"窗口增加了"SmartComponent_1"元素
3		将"焊接工作台"拖曳到"SmartComponent_1"上

（续）

步骤	图示	操作说明
4		在"组成"选项卡中，右键单击"焊接工作站"，选择"设定为Role"
5		单击"添加组件"，单击"本体"，选择"Rotator2"
6		可以看到，已成功添加"Rotator2"组件，该组件能实现对象绕着一个轴旋转指定的角度
7		单击"rotator2"组件
8		单击"视图1"，显示视图1界面，在该界面单击"选择部件"与"捕捉中心"按钮
9		在属性设置窗口单击"CenterPoint"参数的第一个输入框

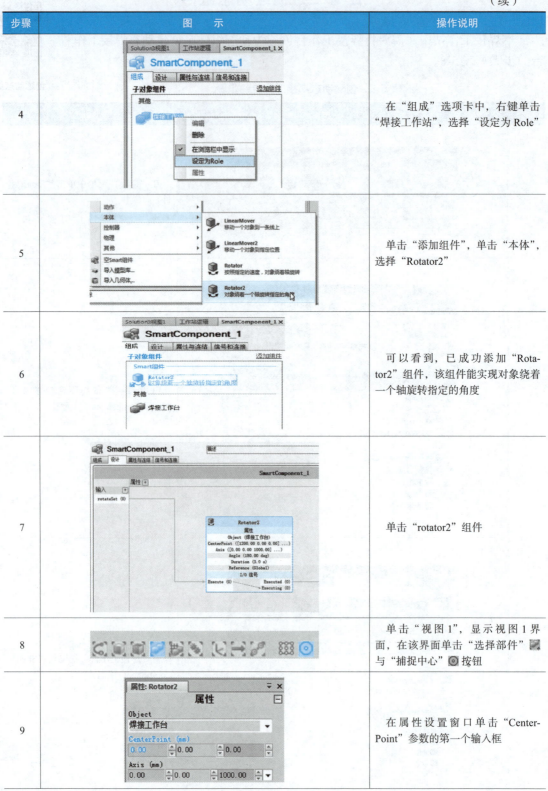

（续）

步骤	图示	操作说明
10		转动工作台，使工作台底部可见，自动捕捉工作台底部端面圆心坐标
11		可以看到，在属性设置窗口，"CenterPoint"参数已自动生成
12		回到属性设置窗口，继续进行焊接工作台属性的设置。"Angle"参数表示旋转的角度，本工作站设置为180° "Duration"参数表示运动时间，设置为3s；单击"应用"按钮，然后单击"关闭"按钮，完成Rotator组件参数的设置

（续）

步骤	图 示	操作说明
13		单击"SmartComponent_1"，然后单击"设计"，进入"设计"选项卡，单击"输入"后面的"+"，添加工作台输入信号
14		如左图所示设置输入信号，信号名称输入"rotateSet"
15		在"设计"选项卡，单击"输出"后面的"+"，添加工作台输出信号
16		如左图所示设置输出信号，信号名称输入"rotateFinish"
17		按照左图所示连线方式将组件与I/O信号进行连接。当rotateSet信号为1时，焊接工作台旋转180°，旋转结束后输出信号1

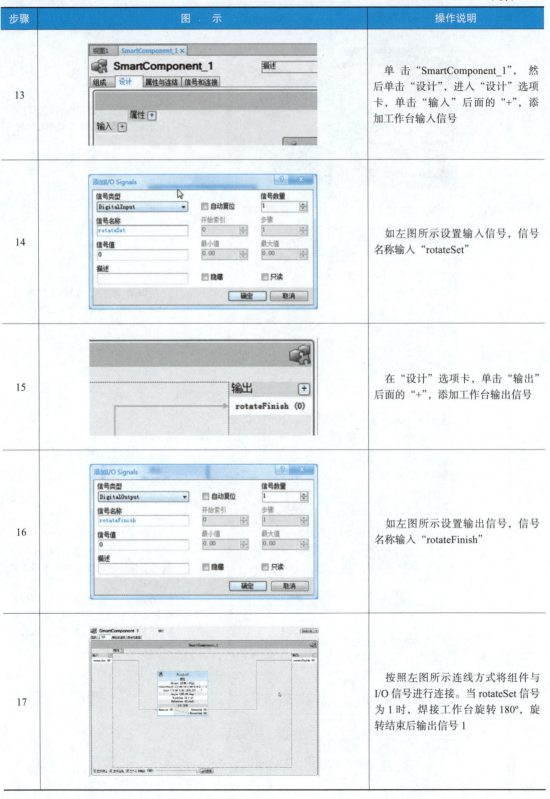

任务四　创建用户程序及仿真运行

1. 示教目标点

本焊接工作站需要沿着矩形块运动一周，因此，至少要示教以下 5 个目标点：机器人 Home 点（pHome）以及矩形块的 4 个角点，如图 5-6 所示。示教目标点的步骤见表 5-9。

焊接_
示教目标点

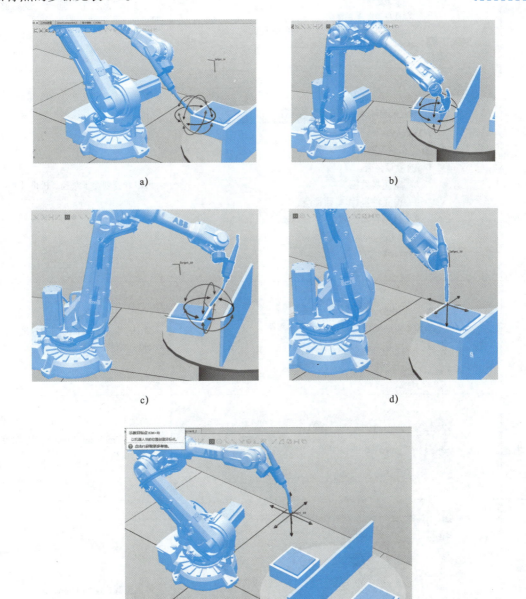

图 5-6　需要示教的目标点

a）第一个角点　b）第二个角点　c）第三个角点　d）第四个角点　e）机器人 Home 点

表 5-9 示教目标点的步骤

步骤	图 示	操作说明
1		在"路径和目标点"中选择"路径与步骤",右击,选择"创建路径"
2		可以看到创建了路径"Path_10"
3		确认当前选择的工件坐标:wobj0;工具:AW_Gun
4		选择"Freehand"中的"线性移动" 按钮
5		将机械臂移动到 Home 点

（续）

步骤	图示	操作说明
6		选择"示教目标点"
7		重复第5、6步骤，依次示教另外4个目标点，得到如左图所示的5个目标点。选中目标点，右击，选择"重命名" 注意：示教另外4个目标点时，需要将机械臂依次移动到图5-6所示的4个角点位置
8		依次给5个目标点重新命名后，如左图所示

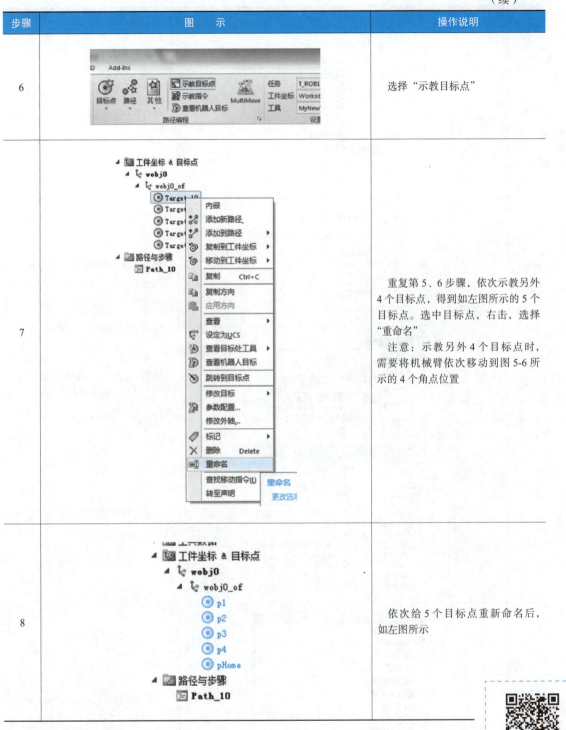

2. 创建运行轨迹

创建运行轨迹的步骤见表5-10。

焊接 _
创建运行轨迹

— 113 —

表 5-10　创建运行轨迹的步骤

步骤	图　　示	操作说明
1	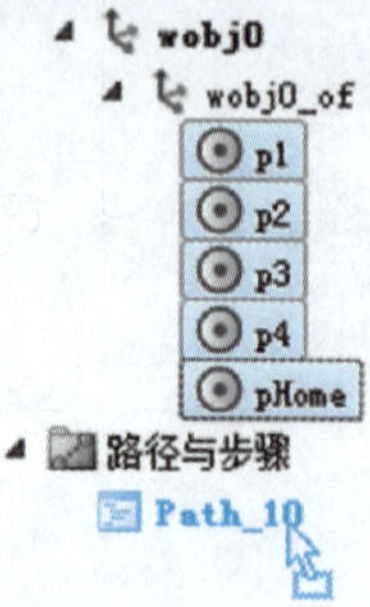	将各个目标点拖曳到"Path_10"中
2	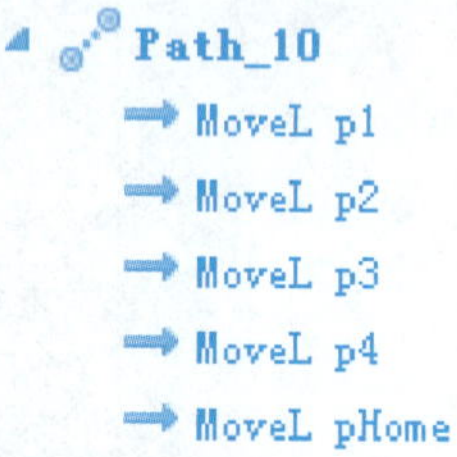	拖曳完成后的路径如左图所示
3	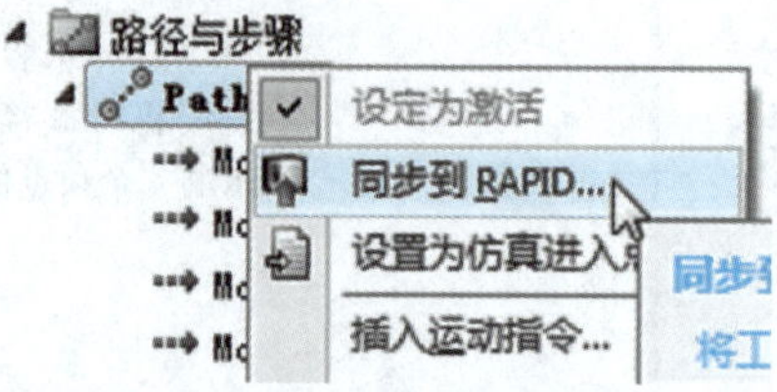	确保无误后，选中"Path_10"，右击，选择"同步到 RAPID..."
4	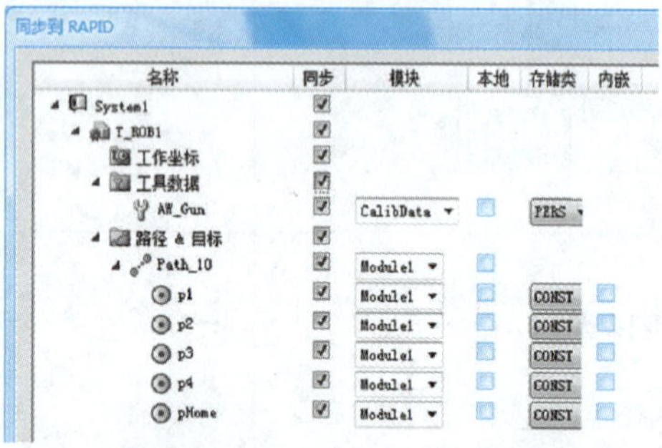	勾选上所有项，然后单击"确定"按钮
5	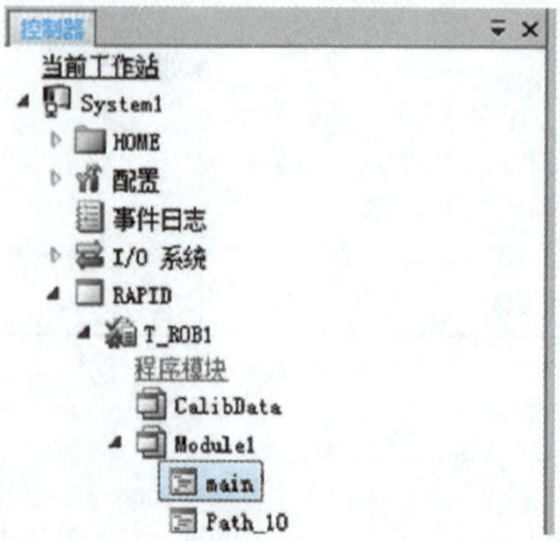	单击"控制器"，然后双击"main"

（续）

步骤	图示	操作说明
6	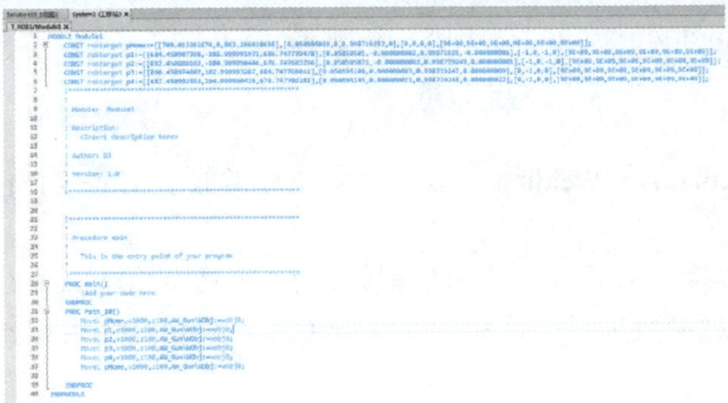	在界面右侧出现 RAPID 程序区，在 RAPID 程序中可以看到创建的程序坐标点及程序框架

任务五　创建焊接数据

1. 焊接指令与焊接参数

焊接工作站相较于其他工作站的一个特别之处就在于焊接有专门的指令和专门的焊接参数来对焊接工艺进行控制。

弧焊指令的基本功能与普通"Move"指令一样，可实现运动及定位，主要包括：ArcL、ArcC、sm（seam）、wd（weld）、wv（weave）。任何焊接程序都必须以 ArcLStart 或者 ArcCStart 开始，通常运用 ArcLStart 作为起始语句；任何焊接过程都必须以 ArcLEnd 或者 ArcCEnd 结束；焊接中间点用 ArcL 或者 ArcC 语句。焊接过程中不同语句可以使用不同的焊接参数（seamdata、weld data 和 weavedata）。

（1）ArcL（直线焊接，Linear Welding）　直线弧焊指令，类似于 MoveL，包含如下 3 个选项。

1）ArcLStart：表示开始焊接，用于直线焊缝的焊接开始，工具中心点 TCP 线性移动到指定目标位置，整个过程通过参数进行监控和控制。ArcLStart 语句具体内容如图 5-7 所示。

图 5-7　ArcLStart 语句

2）ArcLEnd：表示焊接结束，用于直线焊缝的焊接结束，工具中心点 TCP 线性移动到指定目标位置，整个过程通过参数进行监控和控制。ArcLEnd 语句具体内容如图 5-8 所示。

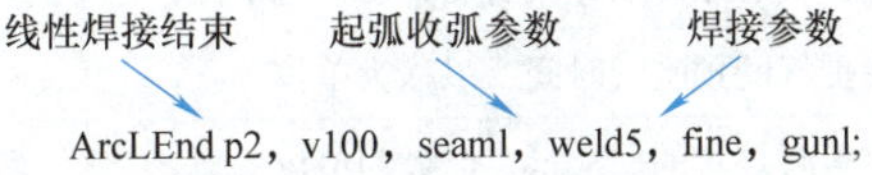

线性焊接结束　　起弧收弧参数　　焊接参数

ArcLEnd p2, v100, seam1, weld5, fine, gun1;

图 5-8　ArcLEnd 语句

3）ArcL：表示焊接中间点。ArcL 语句具体内容如图 5-9 所示。

```
        线性焊接    起弧收弧参数   焊接参数
              ↓          ↓          ↓
        ArcL  p3,  v100,  seaml,  weld5,  fine,  gunl;
```

图 5-9　ArcL 语句

（2）ArcC（圆弧焊接，Circular Arc Welding）　圆弧弧焊指令类似于 MoveC，包括以下 3 个选项。

1）ArcCStart：表示开始焊接，用于圆弧焊缝的焊接开始，工具中心点 TCP 线性移动到指定目标位置，整个过程通过参数进行监控和控制。ArcCStart 语句具体内容如图 5-10 所示。

```
       圆弧焊接开始    起弧收弧参数   焊接参数    摆动参数
             ↓            ↓           ↓          ↓
       ArcCStart p1, v100, seaml, weldl\Weave:= weavel, z10,tool1;
```

图 5-10　ArcCStart 语句

2）ArcC：ArcC 用于圆弧弧焊焊缝的焊接，工具中心点 TCP 圆弧运动到指定目标位置，焊接过程通过参数控制。ArcC 语句具体内容如图 5-11 所示。

```
        圆弧焊接   起弧收弧参数  焊接参数  摆动参数
            ↓          ↓          ↓         ↓
        ArcC pl, p2, v100, seaml, weldl\Weave: =weavel, z10,tool1;
```

图 5-11　ArcC 语句

3）ArcCEnd：用于圆弧焊缝的焊接结束，工具中心点 TCP 圆弧运动到指定目标位置，整个焊接过程通过参数监控和控制。ArcCEnd 语句具体内容如图 5-12 所示。

```
       圆弧焊接结束   起弧收弧参数    焊接参数
             ↓            ↓           ↓
       ArcCEnd p2, p3, v100, seaml, weld5, fine, gunl;
```

图 5-12　ArcCEnd 语句

（3）Seam（弧焊参数，Seamdata）　弧焊参数的一种，定义起弧和收弧时的焊接参数，其主要内容见表 5-11。

表 5-11　弧焊参数 Seamdata

序号	参数	说　明
1	Purge_time	保护气管路的预充气时间，以秒为单位，这个时间不会影响焊接的时间
2	Preflow_time	保护气的预吹气时间，以秒为单位
3	Bback_time	收弧时焊丝的回烧量，以秒为单位
4	Postflow_time	尾送气时间，收弧时为防止焊缝氧化保护气体的吹气时间，以秒为单位

（4）Weld（弧焊参数，Welddata） 弧焊参数的一种，定义焊接参数，其主要内容见表 5-12。

表 5-12 弧焊参数 Welddata

序号	弧焊指令	指令定义的参数
1	Weld_speed	焊缝的焊接速度，单位是 mm/s
2	Weld_voltage	定义焊缝的焊接电压，单位是 V
3	Weld_wirefeed	焊接时送丝系统的送丝速度，单位是 m/min

（5）Weave（弧焊参数，Weavedata） 弧焊参数的一种，定义摆动参数，其主要内容见表 5-13。

表 5-13 弧焊参数 Weavedata

序号	弧焊指令	指令定义的参数	
1	Weave_shape 焊枪摆动类型	0	无摆动
		1	平面锯齿形摆动
		2	空间 V 字形摆动
		3	空间三角形摆动
2	Weave_type 机器人摆动方式	0	机器人 6 个轴均参与摆动
		1	仅 5 轴和 6 轴参与摆动
		2	1、2、3 轴参与摆动
		3	4、5、6 轴参与摆动
3	Weave_length	摆动一个周期的长度	
4	Weave_width	摆动一个周期的宽度	
5	Weave_height	摆动一个周期的高度	

（6）\On 可选参数，令焊接系统在该语句的目标点到达之前，依照 seam 参数中的定义，预先启动保护气体，同时将焊接参数进行数-模转换，送往焊机。

（7）\Off 可选参数，令焊接系统在该语句的目标点到达之时，依照 seam 参数中的定义，结束焊接过程。

下面以一条典型焊接语句为例介绍焊接运动指令各项所表示的含义。以焊接直线焊缝为例，典型焊接语句如下：

ArcL \On p1, v100, seam1, Weld1, weave1, fine, gun1;

通常，程序中显示的是参数的简化形式，如 sm1、wd1 及 wv 等。该程序语句中各部分的具体含义见表 5-14。

2. 创建焊接数据

创建焊接数据主要是指对 seamdata、welddata 和 weavedata 这 3 个焊接数据进行设置。参数 seamdata、welddata 和 weavedata 的设置步骤分别见表 5-15、表 5-16 和表 5-17。

焊接_
创建焊接数据

表 5-14　程序语句解析

序号	弧焊指令	指令定义的参数
1	ArcL\On	指令定义的参数直线移动焊枪（电弧），预先启动保护气
2	p1	目标点的位置，同普通的 Move 指令
3	v100	单步（FWD）运行时焊枪的速度，在焊接过程中为 Weld_speed 所取代
4	fine	zonedata，同普通的 Move 指令，但焊接指令中一般均用 fine
5	gun1	tooldata，同普通的 Move 指令，定义工具坐标系参数，一般在编辑程序前设定

表 5-15　参数 seamdata 的设置

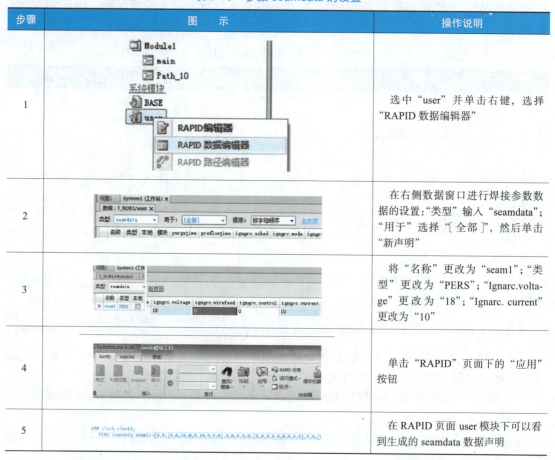

步骤	图示	操作说明
1		选中"user"并单击右键，选择"RAPID 数据编辑器"
2		在右侧数据窗口进行焊接参数数据的设置："类型"输入"seamdata"；"用于"选择"[全部]"，然后单击"新声明"
3		将"名称"更改为"seam1"；"类型"更改为"PERS"；"Ignarc.voltage"更改为"18"；"Ignarc.current"更改为"10"
4		单击"RAPID"页面下的"应用"按钮
5		在 RAPID 页面 user 模块下可以看到生成的 seamdata 数据声明

表 5-16　参数 welddata 的设置

步骤	图示	操作说明
1		在右侧数据窗口进行焊接参数数据的设置："类型"输入"welddata"；"用于"选择"[全部]"，然后单击"新声明"

（续）

步骤	图示	操作说明
2		将"名称"更改为"weld1";"类型"更改为"PERS";"Weldspeed"更改为"20";"mainarc.voltage"更改为"18";"mainarc.current"更改为"10"
3	PERS welddata weld1:=[20,0,[0,0,18,0,0,10,0,0,0],[0,0,0,0,0,0,0,0]];	在 RAPID 页面 user 模块下可以看到生成的 welddata 数据声明

表 5-17　参数 weavedata 的设置

步骤	图示	操作说明
1		在右侧数据窗口进行焊接参数数据的设置:"类型"输入"weavedata";"用于"选择"[全部]",然后单击"新声明"
2		将"名称"更改为"weave1";"类型"更改为"PERS"
3	PERS weavedata weave1:=[1,1,5,5,0,0,0,0,0,0,0,0,0];	在 RAPID 页面 user 模块下可以看到生成的 weavedata 数据声明

3. 创建用户程序

创建用户程序的步骤见表 5-18。

焊接_
创建用户程序

表 5-18　创建用户程序的步骤

步骤	图示	操作说明
1	CalibData Module1 　main 　Path_10	在 RAPID 页面双击"main"
2		在 main 函数中输入 Path_10,以实现 Path_10 的调用 注意:当键盘输入 path 后,系统会自动弹出关联的输入选项,选择 Path_10 即可

（续）

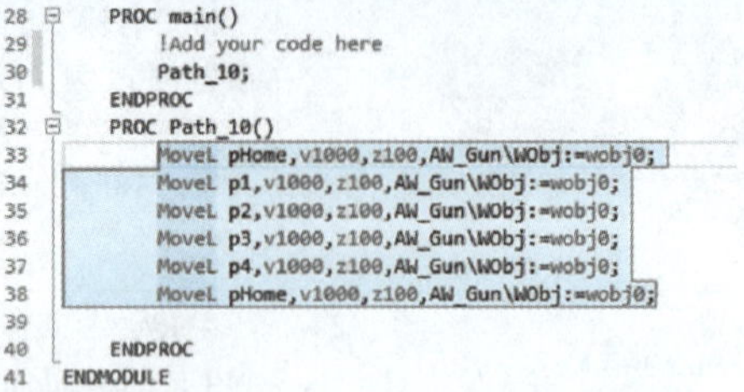

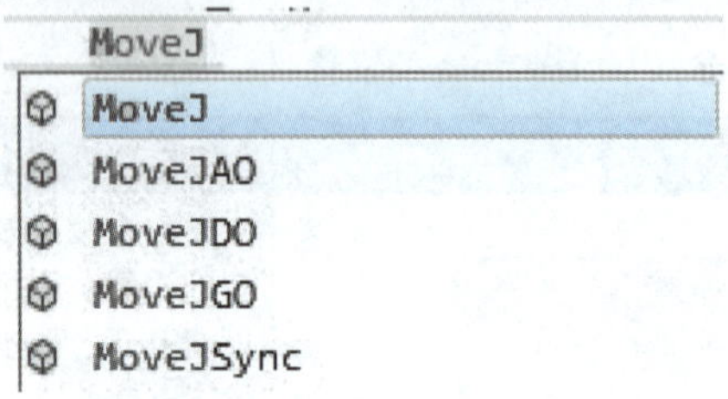

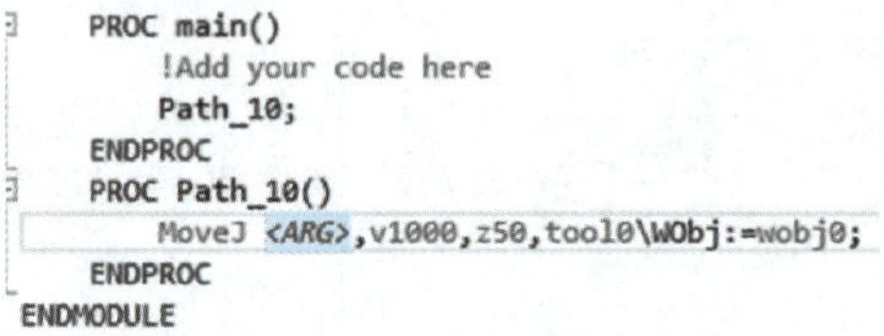

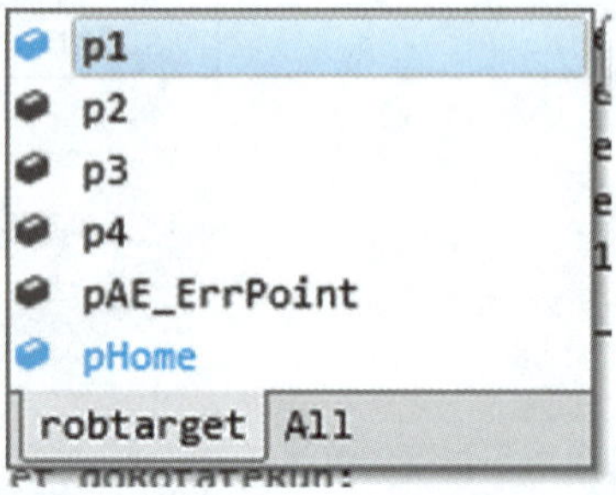

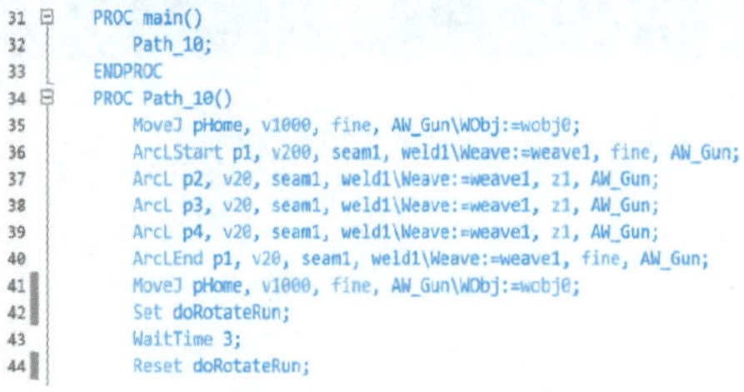

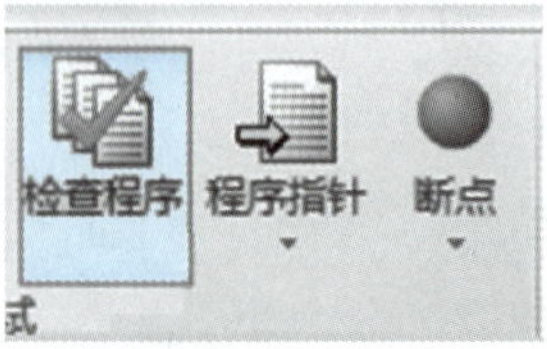

步骤	图示	操作说明
| 3 | ```
28  PROC main()
29      !Add your code here
30      Path_10;
31  ENDPROC
32  PROC Path_10()
33      MoveL pHome,v1000,z100,AW_Gun\WObj:=wobj0;
34      MoveL p1,v1000,z100,AW_Gun\WObj:=wobj0;
35      MoveL p2,v1000,z100,AW_Gun\WObj:=wobj0;
36      MoveL p3,v1000,z100,AW_Gun\WObj:=wobj0;
37      MoveL p4,v1000,z100,AW_Gun\WObj:=wobj0;
38      MoveL pHome,v1000,z100,AW_Gun\WObj:=wobj0;
39
40  ENDPROC
41 ENDMODULE
``` | 选中 Path_10 例行程序，按 \<Del\> 键删除程序 |
| 4 | MoveJ / MoveJAO / MoveJDO / MoveJGO / MoveJSync | 通过键盘输入 "MoveJ" |
| 5 | ```
PROC main()
    !Add your code here
    Path_10;
ENDPROC
PROC Path_10()
    MoveJ <ARG>,v1000,z50,tool0\WObj:=wobj0;
ENDPROC
ENDMODULE
``` | 单击键盘上的 \<Tab\> 键，系统会自动补全指令，双击 "\<ARG\>" |
| 6 | p1 / p2 / p3 / p4 / pAE_ErrPoint / pHome (robtarget / All) | 通过键盘输入 \<p\>，从系统自动弹出的关联选项中选择 "pHome" |
| 7 | ```
31  PROC main()
32      Path_10;
33  ENDPROC
34  PROC Path_10()
35      MoveJ pHome, v1000, fine, AW_Gun\WObj:=wobj0;
36      ArcLStart p1, v200, seam1, weld1\Weave:=weave1, fine, AW_Gun;
37      ArcL p2, v20, seam1, weld1\Weave:=weave1, z1, AW_Gun;
38      ArcL p3, v20, seam1, weld1\Weave:=weave1, z1, AW_Gun;
39      ArcL p4, v20, seam1, weld1\Weave:=weave1, z1, AW_Gun;
40      ArcLEnd p1, v20, seam1, weld1\Weave:=weave1, fine, AW_Gun;
41      MoveJ pHome, v1000, fine, AW_Gun\WObj:=wobj0;
42      Set doRotateRun;
43      WaitTime 3;
44      Reset doRotateRun;
``` | 用同样的方式，完成 Path_10 例行程序所有指令的编写（Path_10 程序如左图所示） |
| 8 | 检查程序 / 程序指针 / 断点 | 单击"检查程序"按钮，系统自动检查语法错误 |
```

4. 仿真运行

编写好用户程序后，就可以进行系统的仿真运行了，具体操作步骤见表 5-19。

焊接_
焊接仿真运行

表 5-19 仿真运行程序的步骤

步骤	图 示	操作说明
1		选择"仿真"菜单，单击"工作站逻辑"
2		在"工作站逻辑"中单击"设计"
3		按左图所示进行连接
4		在"仿真"菜单中单击"TCP 跟踪"
5		在弹出的属性窗口中，勾选"启用 TCP 跟踪"
6		在"控制器"菜单中，单击"示教器"按钮
7		在虚拟示教器中单击"生产屏幕"

（续）

步骤	图　　示	操作说明
8		单击"Arc"
9		弹出焊接调试窗口
10		切换到手动状态
11		可以通过左图所示对焊接参数进行相应的调整

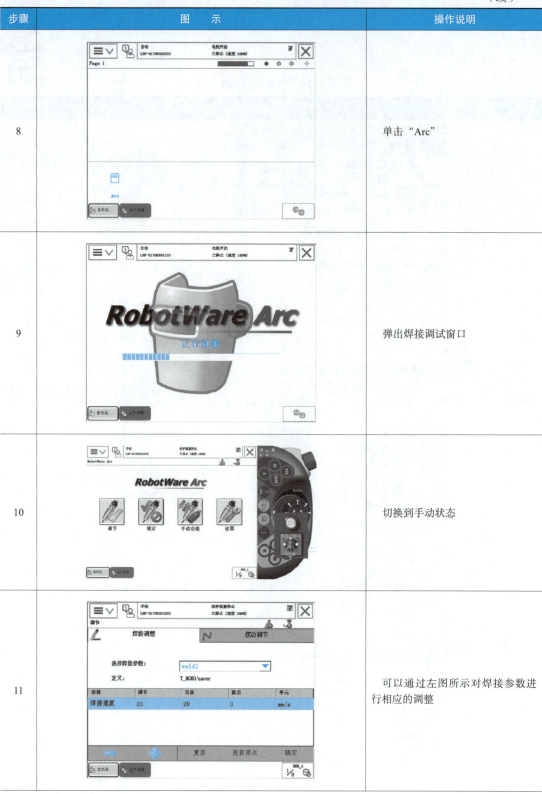

（续）

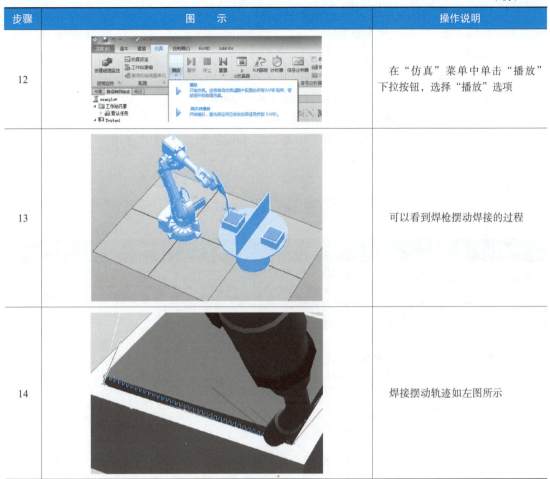

步骤	图　　示	操作说明
12		在"仿真"菜单中单击"播放"下拉按钮，选择"播放"选项
13		可以看到焊枪摆动焊接的过程
14		焊接摆动轨迹如左图所示

思考与练习

1. 填空题

（1）焊接工业机器人系统的 I/O 信号除了有数字 I/O 信号，还需要有模拟 I/O 信号，因此，焊接工业机器人系统采用的 ABB 标准 I/O 板通常为_____。

（2）对于直线焊接的焊接程序，是以_____作为起始语句，焊接中间点用_____语句，以_____语句结束。

（3）_____用来定义弧焊时的摆动参数。

（4）创建焊接数据主要是指对_____、_____和_____这3个焊接数据进行设置。

2. 选择题

（1）焊接工业机器人需要加载的工具为（　　）。

A. 吸盘　　　　　　B. 机械手爪　　　　　C. 焊枪　　　　　　D. 以上3种均可

（2）下列指令中用于圆弧焊缝焊接的指令是（　　）。

— 123 —

A. MoveL B. ArcC C. ArcL D. MoveJ

（3）下列焊接参数中，用于定义起弧和收弧时的焊接参数的是（　　）。

A. Weavedata B. Welddata C. Speeddata D. Seamdata

3. 判断题

（1）任何焊接程序都必须以 ArcLStart 或者 ArcCStart 开始。（　　）

（2）任何焊接过程都必须以 ArcLEnd 或者 ArcCEnd 结束。（　　）

（3）Seamdata 是用来定义弧焊摆动参数的。（　　）

（4）在"控制器"菜单中，单击"示教器"下拉按钮，选择"虚拟示教器"，可以创建焊接数据。（　　）

自我学习检测评分表

项目	目标要求	分值	评分细则	得分	备注
构建焊接工作站及工业机器人系统	1. 进一步熟悉工业机器人工作站的布局方法 2. 进一步熟悉自定义工具的创建方法 3. 进一步熟悉构建工业机器人系统的操作方法	10	1. 理解与掌握 2. 操作流程		
配置系统输入/输出	1. 理解焊接工业机器人工作站输入/输出信号的设置 2. 掌握配置 DSQC651 板的操作方法 3. 掌握配置 DSQC651 板 I/O 信号的操作方法 4. 掌握焊接工业机器人工作站 I/O 信号的配置方法	20	1. 理解与掌握 2. 操作流程		
创建动态组件	1. 进一步熟悉 Smart 组件的创建及设置的操作方法 2. 掌握焊接工作站动态工作台的创建方法	10	1. 理解与掌握 2. 操作流程		
创建焊接数据	1. 掌握常见焊接指令的内涵及使用方法 2. 掌握常见焊接参数的内涵 3. 掌握创建焊接数据的操作方法	20	1. 理解与掌握 2. 操作流程		
创建用户程序及仿真运行	1. 进一步熟悉示教目标点的操作方法 2. 进一步熟悉创建用户程序的操作步骤 3. 进一步熟悉仿真运行、录制视频、制作可执行文件的操作方法 4. 掌握焊接工业机器人工作站程序的编写	30	1. 理解与掌握 2. 操作流程		
安全操作	符合上机实训操作要求	10			

项目六　RobotStudio在线功能

> ▶ 项目描述

通过学习本项目，学生将学会建立 RobotStudio 与机器人连接的方法，掌握 RobotStudio 各种在线功能的操作方法，并结合综合应用实例，体会 RobotStudio 在线功能的应用。

> ▶ 学习目标

1）学会建立 RobotStudio 与机器人的连接。
2）学会使用 RobotStudio 在线备份与恢复的操作。
3）学会使用 RobotStudio 在线进行 RAPID 程序编辑的操作。
4）学会使用 RobotStudio 在线编辑 I/O 信号的操作。
5）学会使用 RobotStudio 在线进行文件传送的操作。

任务一　RobotStudio 在线功能的单项操作

1. 建立 RobotStudio 与机器人的连接

通过 RobotStudio 与机器人的连接，可用 RobotStudio 的在线功能对机器人进行监控、设置、编程与管理。表 6-1 为建立连接的过程。

建立 Robotstudio 与机器人的连接

表 6-1　建立 RobotStudio 与机器人连接的操作

步骤	图　　示	操作说明
1		将随机所附带的网线一端连接到计算机的网络端口，并设置成自动获取 IP。另一端与机器人的专用网线端口（紧凑控制柜 SERVICE A7）进行连接

(续)

步骤	图示	操作说明
2		在"控制器"菜单中,单击"添加控制器",选择"一键连接..."
3		连接上机器人后,单击"控制器状态"标签,就可以查看到当前连接控制器的情况了

2. 获取 RobotStudio 在线控制权限

获取 Robotstudio 在线控制权限

除了能通过 RobotStudio 在线对机器人进行监控与查看之外,还可以通过 RobotStudio 在线对机器人进行程序的编写、参数的设定与修改等操作。为了保证较高的安全性,在对机器人控制器数据进行写操作之前,要首先在示教器进行"请求写权限"的操作,防止在 RobotStudio 中错误修改数据,造成不必要的损失。获取 RobotStudio 在线控制权限的操作方法见表 6-2。

表 6-2 获取 RobotStudio 在线控制权限的操作

步骤	图示	操作说明
1		将机器人状态钥匙开关切换到"手动"状态
2		在"控制器"菜单中单击"请求写权限",并在示教器上单击"同意"进行确认

— 126 —

（续）

步骤	图　　示	操作说明
3		待完成对控制器的写操作以后，在示教器中单击"撤回"，收回写权限

3. 进行备份与恢复的操作

定期对 ABB 机器人的数据进行备份，是保持 ABB 机器人正常运行的良好习惯。ABB 机器人数据备份的对象是所有正在系统内存运行的 RAPID 程序和系统参数。当机器人系统出现错乱或者重新安装新系统以后，可以通过备份快速地把机器人恢复到备份时的状态。

进行备份与恢复的操作

（1）备份的操作　表 6-3 为使用 RobotStudio 进行备份的操作步骤。

表 6-3　使用 RobotStudio 进行备份的操作步骤

步骤	图　　示	操作说明
1		在"控制器"菜单中单击"备份"，选择"创建备份…"
2		在"备份名称"中输入备份文件夹的名称（不能有中文），在"位置"下指定备份文件夹的存放位置，然后单击"确定"按钮
3		若界面下方提示"备份完成"，则操作成功

（2）恢复的操作　表 6-4 为使用 RobotStudio 进行恢复的操作步骤。

表 6-4 使用 RobotStudio 进行恢复的操作步骤

步骤	图 示	操作说明
1		在"控制器"菜单中单击"请求写权限",并在示教器上单击"同意"进行确认。然后在"控制器"菜单中单击"备份",选择"从备份中恢复 …"
2		选择要恢复的备份,然后单击"确定"按钮

4. 在线编辑 RAPID 程序的操作

在机器人的实际运行当中,为了配合实际的需要,经常要在线对 RAPID 程序进行微调,包括增减或修改程序指令。

在线编辑 RAPID 程序的操作

(1) 修改等待时间指令 将程序中的等待时间从 2s 调整为 3s,修改过程见表 6-5。

表 6-5 修改等待时间指令的操作

步骤	图 示	操作说明
1		在"RAPID"菜单中单击"请求写权限",并在示教器中单击"同意"进行确认
2		在"控制器"窗口双击"Module1",然后单击程序指令"WaitTime 2;"
3		将程序指令"WaitTime 2;"修改为"WaitTime 3;"

（续）

步骤	图示	操作说明
4	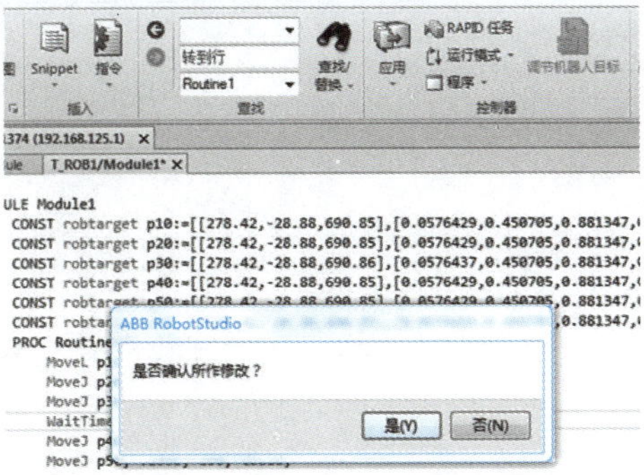	修改完成后，单击"应用"，然后单击"是"按钮
5	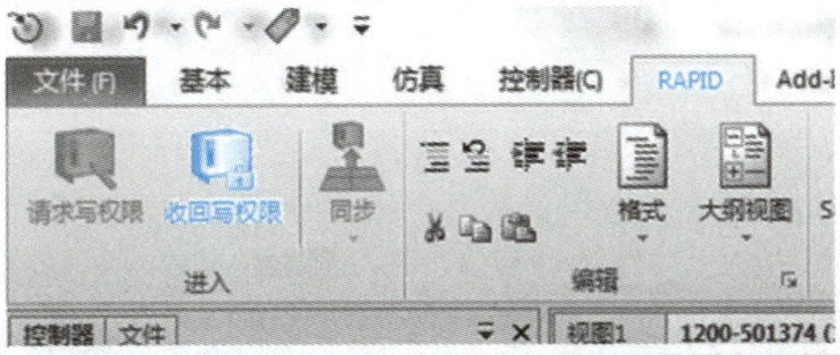	单击"收回写权限"

（2）增加速度设定指令 VelSet 为了将程序中机器人的最高速度限制到 1000mm/s，要在一个程序中移动指令的开始位置之前添加一条速度设定指令，具体操作过程见表 6-6。

表 6-6 增加速度设定指令的操作

步骤	图示	操作说明
1	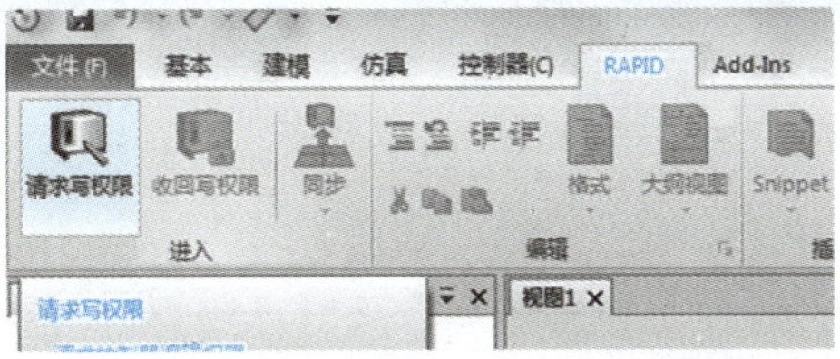	在"RAPID"菜单中单击"请求写权限"，并在示教器中单击"同意"进行确认
2	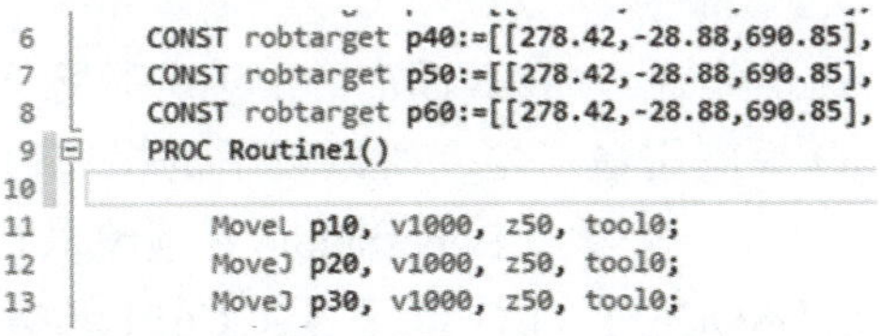	在程序的开始端空一行
3		单击"指令"，在菜单中选择"Settings"中的"VelSet"

（续）

步骤	图示	操作说明
4	(代码图：VelSet <ARG>,<ARG>)	"VelSet"指令要设定两个参数，最大倍率和最大速度
5	(代码图：VelSet 100,1000)	指令修改为"VelSet 100,1000"
6	(RobotStudio界面确认对话框)	修改完成后，单击"应用"，然后单击"是"按钮
7	(RAPID选项卡界面)	单击"收回写权限"

5. 在线编辑 I/O 信号的操作

在线编辑 I/O 信号的操作

机器人与外部设备的通信是通过 ABB 标准的 I/O 或现场总线的方式进行的，其中又以 ABB 标准 I/O 板应用最广泛，所以以下的操作就是以新建一个 I/O 单元及添加一个 I/O 信号为例，来学习 RobotStudio 在线编辑 I/O 信号的操作。

（1）创建一个 I/O 单元 DSQC651　I/O 单元 DSQC651 参数设定见表 6-7。创建 I/O 单元 DSQC651 的操作步骤见表 6-8。

表 6-7　I/O 单元 DSQC651 参数设定

名　称	值
Name（I/O 单元名称）	BOARD10
Type of Unit（I/O 单元类型）	d651
Conected to Bus（I/O 单元所在总线）	DeviceNet1
DeviceNet Address（I/O 单元所占用总线地址）	10

RobotStudio在线功能 项目六

表 6-8 创建 I/O 单元 DSQC651 的操作步骤

步骤	图 示	操作说明
1		在"控制器"菜单中单击"请求写权限",并在示教器中单击"同意"进行确认
2		在"控制器"菜单下选择"配置编辑器"中的"I/O System"
3		在"DeviceNet Device"上单击右键,选择"新建 DeviceNet Device…"
4		根据表6-7中的参数值在"实例编辑器"中进行相应的设定,然后单击"确定"按钮
5		单击"重启",选择"重启动(热启动)",使刚才的设定生效

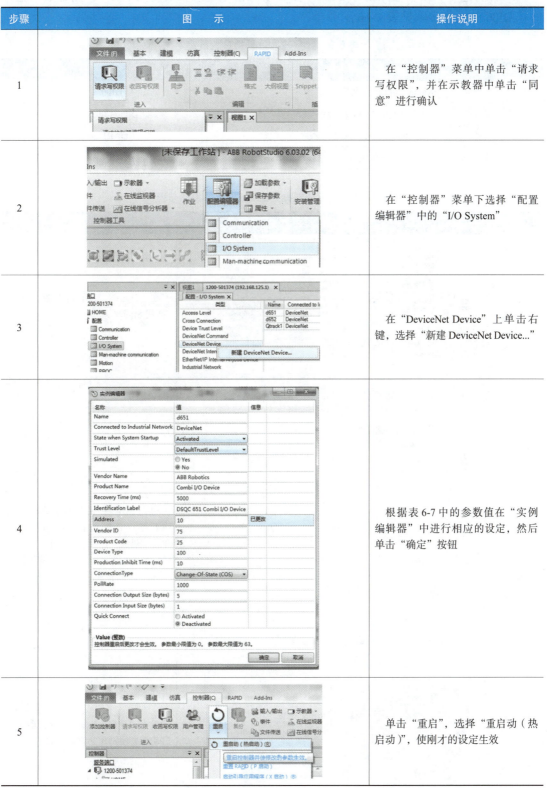

（2）创建一个数字输入信号 DI00　数字输入信号的参数设定见表 6-9，创建数字输入信号 DI00 的操作步骤见表 6-10。

表 6-9　数字输入信号的参数设定

名　　称	值
Name（I/O 单元名称）	DI00
Type of Unit（I/O 单元类型）	Digital Input
Conected to Bus（I/O 单元所在总线）	BOARD10
DeviceNet Address（I/O 单元所占用总线地址）	0

表 6-10　创建数字输入信号 DI00 的操作步骤

步骤	图　　示	操作说明
1		在"Signal"上单击右键，选择"新建 Signal..."
2		根据表 6-9 中的参数值在"实例编辑器"中进行相应的设定，然后单击"确定"按钮
3		单击"重启"，选择"重启动（热启动）"，使刚才的设定生效

6. 在线文件传送的操作

建立好 RobotStudio 与机器人的连接并且获取写权限以后，可以通过 RobotStudio 进行快捷的文件传送操作。从 PC 发送文件到机器人控制器硬盘的操作步骤见表 6-11。

在线文件传送的操作

表 6-11　在线传送文件的操作步骤

步骤	图　示	操作说明
1		在"控制器"菜单下单击"文件传送"
2		选中"PC 资源管理器"中要传送的文件，单击旁边向右的箭头
3		传送结束后，单击"收回写权限"

在对机器人硬盘中的文件进行传送操作前，一定要清楚被传送文件的作用，否则可能会造成机器人系统的崩溃。

任务二　结合在线功能的 RobotStudio 综合应用

1. 任务要求

在 RobotStudio 软件中建立图 6-1 所示的工业机器人工作站，实现工业机器人沿着路径工作原点→p1 点→p2 点→p3 点→p1 点→工作原点，完成图 6-2 所示的三角形轨迹的 RAPID 程序创建，并使用 RobotStudio 的在线文件传送功能，将 RAPID 程序发送到机器人控制器硬盘（若实验环境条件不许可，也可以将 RAPID 程序导出到存储器 U 盘中，然后将 U 盘中的 RAPID 程序文件加载到机器人系统中），然后操纵工业机器人实现三角形轨迹的运动。

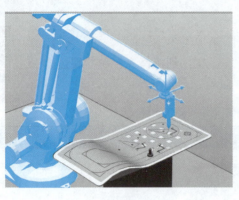

图 6-1 工作站组成图

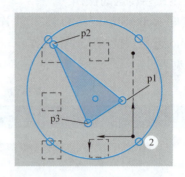

图 6-2 三角形轨迹示意图

2. 任务实施

结合在线功能的 RobotStudio 综合应用（构建工作站及工业机器人系统）

（1）构建工作站及工业机器人系统　为了简化操作步骤，本任务简化了工作站的构成，只需导入工业机器人 IRB1410，加载图 6-1 所示的工作台和一个普通工具 MyNewTool 即可。构建该工作站的具体操作方法可以参考本书项目二中任务一和任务二的相关内容。

（2）创建工件坐标系　本任务中需要采用三点法建立图 6-3 所示的工件坐标系 wobj1，具体的操作方法参考本书项目二的"表 2-5 创建工件坐标系的操作步骤"。

结合在线功能的 RobotStudio 综合应用（创建工件坐标系、RAPID 程序、保存并导出 RAPID 程序）

（3）创建 RAPID 程序　创建三角形轨迹运动的 RAPID 程序的操作方法可以参考本书项目三的"表 3-17 创建搬运程序"，只是在这里需要注意，这

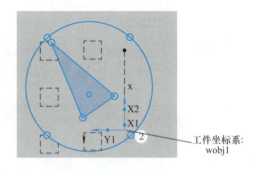

图 6-3 三点法建立工件坐标系

里需要示教的目标点有 4 个，分别为 pTriangle1、pTriangle2、pTriangle3 和 pHome。将关键点拖入路径中的顺序应该为：pHome→pTriangle1→pTriangle2→pTriangle3→pTriangle1→pHome。具体的操作步骤见表 6-12。

表 6-12　创建 RAPID 程序的操作

步骤	图　　示	操作说明
1		选择工具坐标为"MyNewTool"，选择 Freehand 菜单中的手动线性工具

（续）

步骤	图示	操作说明
2		右击"路径与步骤"，选择"创建路径"
3	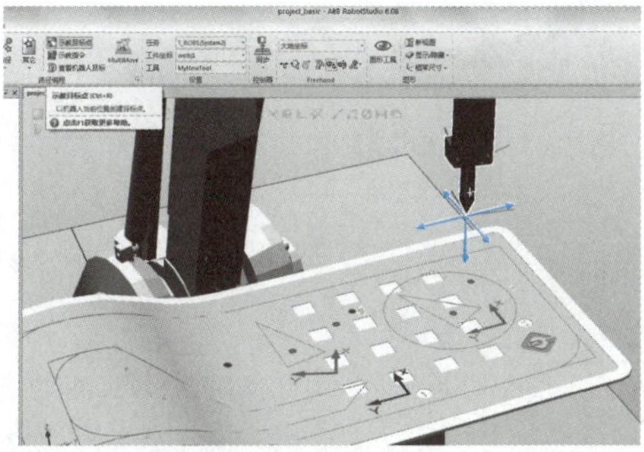	将工具移动到 pHome 位置
4	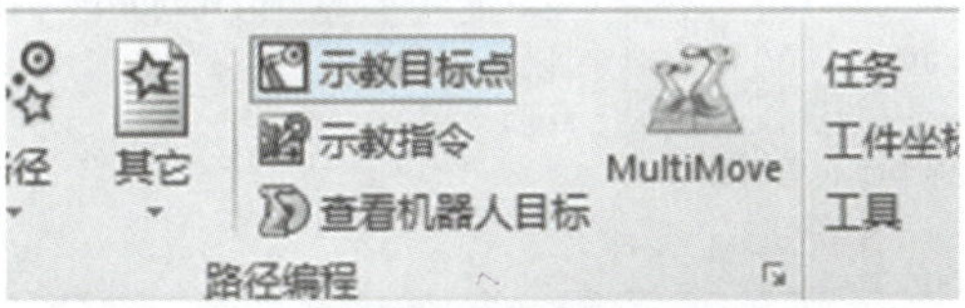	选择"示教目标点"
5	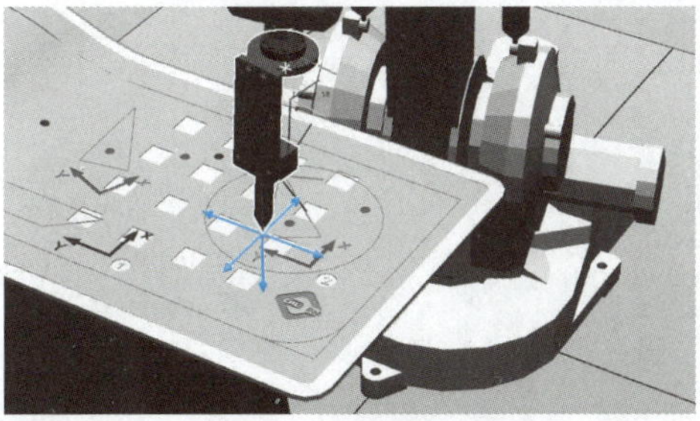	用同样的方法示教目标点 pTriangle1
6	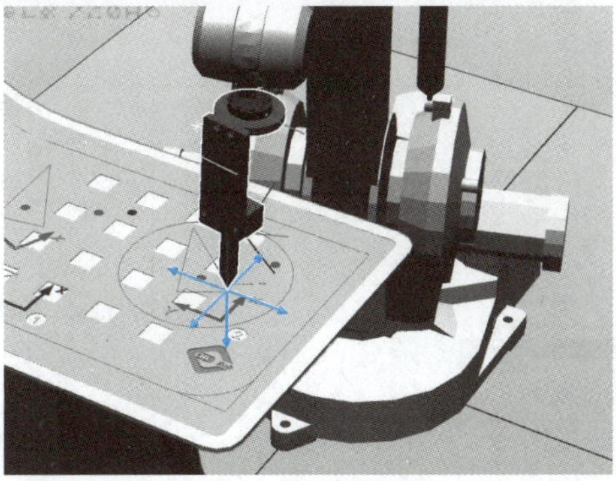	示教目标点 pTriangle2

（续）

步骤	图 示	操作说明
7		示教目标点 pTriangle3
8		选中目标点，单击右键，选择"重命名"，将刚才示教的 4 个目标点分别重命名为 pHome、pTriangle1、pTriangle2、pTriangle3
9		依次将 pHome、pTriangle1、pTriangle2、pTriangle3、pTriangle1、pHome 拖入 "Path_10"
10		选中 "MoveL pHome" 路径，单击右键，选择 "编辑指令 ..."

（续）

步骤	图示	操作说明
11		在"编辑指令：MoveL pHome"窗口，单击"动作类型"下拉按钮，选择"Joint"，表示使用的为MoveJ指令；单击"Speed"，选择"v1000"，表示设置运动速度为1000mm/s；单击"Zone"，选择"fine"，表示转区半径设置为"fine"
12		选中"MoveL pTriangle1"路径，单击右键，选择"编辑指令…"
13		在"编辑指令：MoveL pTriangle1"窗口，"动作类型"选择"Linear"，表示使用的为MoveL指令；"Speed"选择"v1000"；"Zone"选择"fine"
14		选中"MoveL pTriangle2"路径，单击右键，选择"编辑指令…"

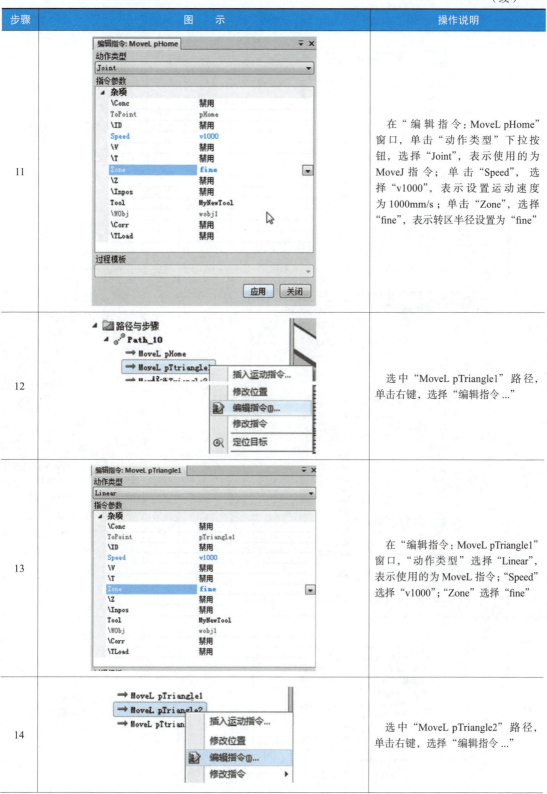

（续）

步骤	图　　示	操作说明
15		在"编辑指令：MoveL pTriangle2"窗口，"动作类型"选择"Linear"；单击"Speed"，选择"v500"，表示设置运动速度为500mm/s；单击"Zone"，选择"z5"，表示转区半径设置为5mm
16		选中"MoveL pTriangle3"路径，单击右键，选择"编辑指令…"
17		在"编辑指令：MoveL pTriangle3"窗口，单击"动作类型"下拉按钮，选择"Linear"；单击"Speed"，选择"v500"；单击"Zone"，选择"z5"
18		选中"MoveL pTriangle1"路径，单击右键，选择"编辑指令…"

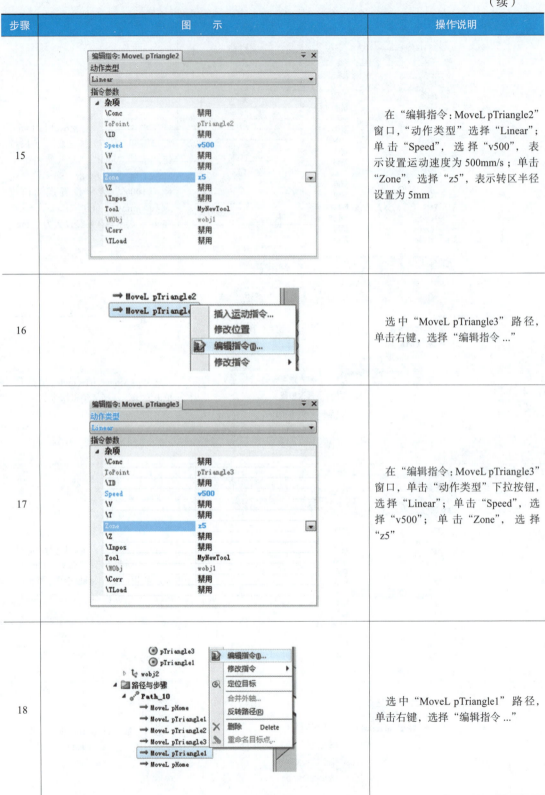

（续）

步骤	图示	操作说明
19		在"编辑指令：MoveL pTriangle1"窗口，"动作类型"选择"Linear"；"Speed"选择"v500"；"Zone"选择"z5"
20		选中"MoveL pHome"路径，单击右键，选择"编辑指令…"
21		在"编辑指令：MoveL pHome"窗口，"动作类型"选择"Joint"；"Speed"选择"v1000"；"Zone"选择"fine"
22		逐条设置好各条指令参数后，单击"Path_10"，可以看到工业机器人模拟轨迹运动

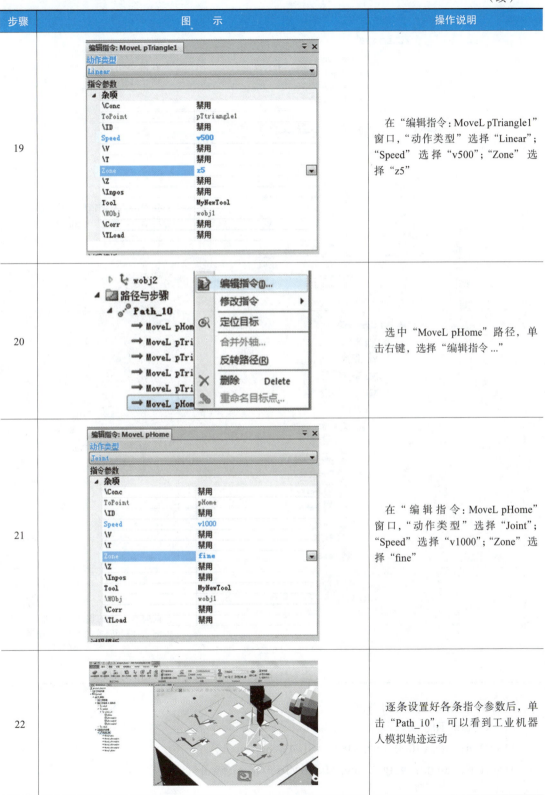

（续）

步骤	图示	操作说明
23	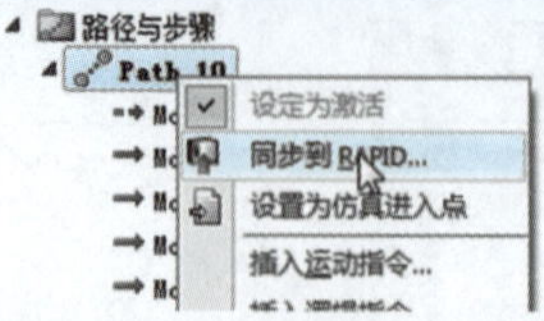	右键单击"Path_10"，选择"同步到 RAPID…"
24		在弹出的对话框中，选中所有项，然后单击"确定"按钮
25	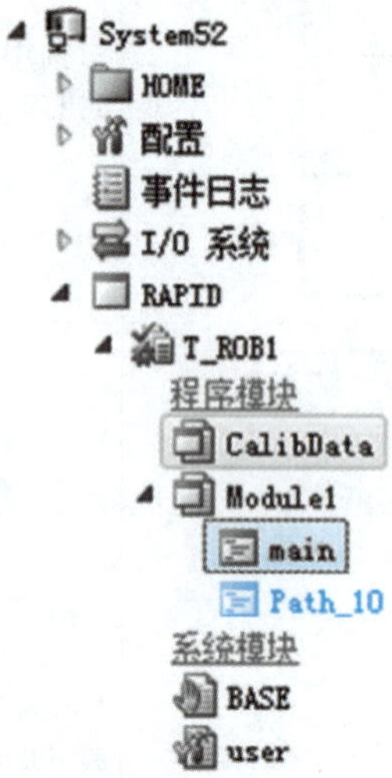	单击"RAPID"菜单，双击"Moudle1"下的"Path_10"
26		此时在右边的程序窗口可以看到 Path_10 路径轨迹的 RAPID 程序了

创建的三角形轨迹运动参考程序如下：

PROC Path_10（ ）

MoveJ pHome, v1000, fine, MyNewTool\Wobj:=wobj1;

MoveL pTriangle1, v1000, fine, MyNewTool\Wobj:=wobj1;

MoveL pTriangle2, v1000, fine, MyNewTool\Wobj:=wobj1;
MoveL pTriangle3, v1000, fine, MyNewTool\Wobj:=wobj1;
MoveL pTriangle1, v1000, fine, MyNewTool\Wobj:=wobj1;
MoveJ pHome, v1000, fine, MyNewTool\Wobj:=wobj1;

（4）保存并导出 RAPID 程序　RAPID 程序创建好后，可以采用表 6-11 的方法将 RAPID 程序在线传送给工业机器人的控制器使用，如果实验室没有进行在线连接，也可以将 RAPID 程序导出到 U 盘中，再通过 U 盘加载到工业机器人控制器中。导出 RAPID 程序的步骤见表 6-13。

表 6-13　导出 RAPID 程序的步骤

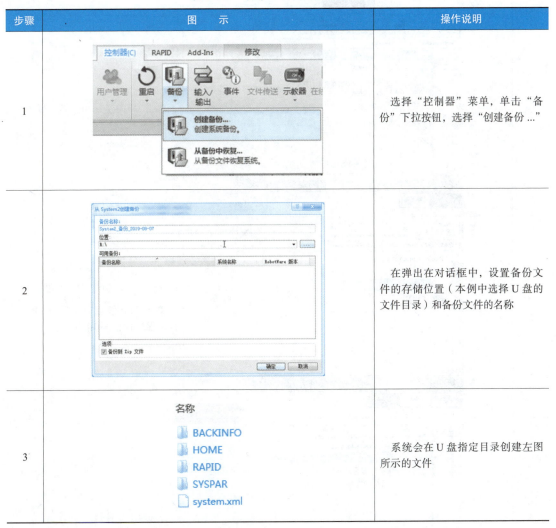

步骤	图　示	操作说明
1		选择"控制器"菜单，单击"备份"下拉按钮，选择"创建备份…"
2		在弹出在对话框中，设置备份文件的存储位置（本例中选择 U 盘的文件目录）和备份文件的名称
3		系统会在 U 盘指定目录创建左图所示的文件

（5）加载程序运行机器人　将 U 盘里的 RAPID 程序加载到实际的工业机器人系统的示教器中，在建立了该机器人系统的工具坐标和工件坐标系，示教目标点后，就可以将工业机器人系统投入自动运行状态，查看工业机器人的三角形轨迹运动了。RAPID 程序自动运行的操作步骤见表 6-14。

表 6-14　RAPID 程序自动运行的操作步骤

步骤	图　示	操作说明
1	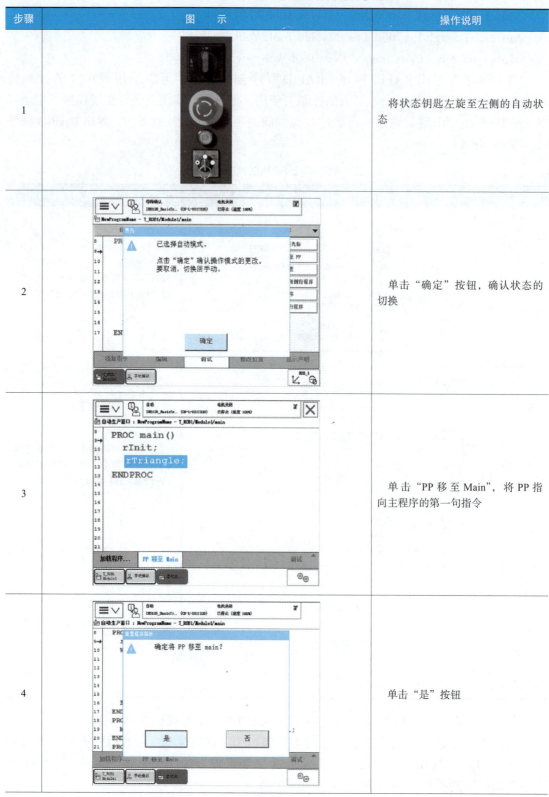	将状态钥匙左旋至左侧的自动状态
2		单击"确定"按钮，确认状态的切换
3		单击"PP 移至 Main"，将 PP 指向主程序的第一句指令
4		单击"是"按钮

（续）

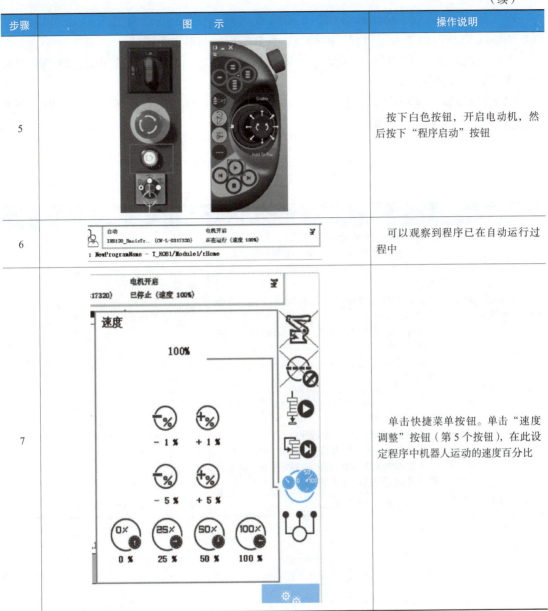

思考与练习

1. 填空题

（1）为了保证较高的安全性，在对机器人控制器数据进行写操作之前，要首先在示教器进行"_____"的操作，防止在RobotStudio中错误修改数据，造成不必要的损失。

（2）ABB机器人数据备份的对象是所有正在系统内存运行的RAPID程序和_____。

（3）配置完I/O信号以后，需要单击"重启"，选择"_____"，使刚才的设定生效。

2. 判断题

（1）除了能通过 RobotStudio 在线对机器人进行监控与查看之外，还可以通过 RobotStudio 在线对机器人进行程序的编写、参数的设定与修改等操作。（　　）

（2）当机器人系统出现错乱或者重新安装新系统以后，可以通过备份快速地把机器人恢复到备份时的状态。（　　）

（3）在对机器人硬盘中的文件进行传送操作前，一定要清楚被传送文件的作用，否则可能会造成机器人系统的崩溃。（　　）

自我学习检测评分表

项目	目标要求	分值	评分细则	得分	备注
RobotStudio 在线功能的单项操作	1. 学会建立 RobotStudio 与机器人的连接 2. 学会获取 RobotStudio 在线控制权限的方法 3. 学会使用 RobotStudio 在线备份与恢复的操作 4. 学会使用 RobotStudio 在线进行 RAPID 程序编辑的操作 5. 学会使用 RobotStudio 在线编辑 I/O 信号的操作 6. 学会使用 RobotStudio 在线进行文件传送的操作	50	1. 理解与掌握 2. 操作流程		
结合在线功能的 RobotStudio 综合应用	1. 进一步熟悉构建工作站及工业机器人系统的操作方法 2. 掌握三角形轨迹运动程序的创建 3. 掌握保存并导出 RAPID 程序的操作方法 4. 掌握加载 RAPID 程序到实际工业机器人系统，并进行调试运行的操作方法	40	1. 理解与掌握 2. 操作流程		
安全操作	符合上机实训操作要求	10			

参 考 文 献

[1] 叶晖. 工业机器人典型应用案例精析 [M]. 北京：机械工业出版社，2013.
[2] 宋云艳，周佩秋. 工业机器人离线编程与仿真 [M]. 北京：机械工业出版社，2017.
[3] 叶晖. 工业机器人实操与应用技巧 [M]. 2版. 北京：机械工业出版社，2017.
[4] 兰虎，鄂世举. 工业机器人技术及应用 [M]. 2版. 北京：机械工业出版社，2020.